Die Prüfung

und die

Eigenschaften der Kalksandsteine.

Ergebnisse von Versuchen, ausgeführt im Königlichen Materialprüfungsamt zu Groß-Lichterfelde West.

Von

H. Burchartz,

Ständiger Mitarbeiter der Abteilung für Baumaterialprüfung am Königlichen Materialprüfungsamt zu Groß-Lichterfelde West.

Mit 13 Textfiguren.

Berlin.
Verlag von Julius Springer.
1908.

ISBN-13:978-3-642-89594-4 e-ISBN-13:978-3-642-91450-8
DOI: 10.1007/978-3-642-91450-8

Vorwort.

Trotzdem die Kalksandsteine bereits innerhalb der verhältnismäßig kurzen Zeit, während deren ihre Erzeugung im Großbetriebe erfolgt — es sind dies etwa 10 Jahre — große Verbreitung gefunden haben, ist man über die Eigenschaften dieses Baustoffes im allgemeinen nur wenig und zum Teil falsch unterrichtet. Es ist daher selbstverständlich, daß in allen dem Bauwesen mehr oder weniger nahestehenden Kreisen der Wunsch rege ist, einmal möglichst erschöpfende Auskunft über die bautechnischen Eigenschaften der Kalksandsteine zu gewinnen, um so mehr, als bis jetzt von einwandfreier und maßgebender Stelle aus noch keine Daten veröffentlicht worden sind, die über diese Eigenschaften ausreichende Klarheit hätten schaffen können.

Die vorliegende Arbeit bezweckt nun in erster Linie, den in obigem Sinne von vielen Seiten an das Königliche Materialprüfungsamt gerichteten Wünschen und dem Drängen weiterer Kreise um Bekanntgabe der Ergebnisse von Kalksandsteinprüfungen zu entsprechen, indem die Ergebnisse der an genannter Stelle mit Kalksandsteinen ausgeführten Prüfungen, soweit sie beim Abschlusse dieser Veröffentlichung vorlagen, übersichtlich zusammengefaßt der Öffentlichkeit zur Verfügung gestellt werden.

Prüfungsbefunde, die sich — abgesehen von der Beschreibung des Bruchgefüges und der Beobachtung beim Verhalten der Baustoffe gegen die Einwirkung von Wasser, Frost oder chemischen Einflüssen — in Form von Zahlen ausdrücken, geben für sich betrachtet und so lange keine zuverlässigen Grundlagen (Betriebserfahrungen, Lieferungsbedingungen, Verträge, Prüfungsvorschriften usw.) für die Bewertung der einzelnen Versuchsziffern vorhanden sind oder die Möglichkeit des unmittelbaren Vergleiches für gleichartige Stoffe verschiedener Herkunft ausgeschlossen ist, keinen unmittelbaren Maßstab für die Beurteilung der Brauchbarkeit des geprüften Materials für die praktische Verwendung. Erst aus der vergleichsweisen Gegenüberstellung von Versuchswerten, die unter Anwendung einheitlicher Prüfungsverfahren gewonnen sind, kann eine Unterlage für die Bewertung des Materials geschaffen werden, weil sie die Erfahrungen mehrt, den Wettbewerb anregt, Nachahmung und Kritik fördert.

Je größer die Anzahl der Vergleichswerte ist, um so zuverlässiger können die Eigenschaften der Baustoffe beurteilt werden, und um so eher ist es an Hand der Werte möglich, maßgebende Vorschriften für die Lieferung der Stoffe festzulegen, während es ein unerträglicher Zustand ist, wenn es — was tatsächlich bei Kalksandsteinen und leider auch noch bei vielen anderen Baustoffen der Fall ist — an einer einheitlichen Grundlage in dieser Beziehung mangelt und an den für den Verbrauch der Stoffe in Betracht kommenden Stellen hinsichtlich der Lieferung, Prüfung und Abnahme nach voneinander abweichenden Grundsätzen verfahren wird.

Es ist daher am Schlusse dieser Arbeit versucht worden, auf Grund des vorliegenden Zahlenmaterials Werte aufzustellen, die als Unterlage für Vorschriften für die Lieferung von Kalksandsteinen dienen könnten.

Der erste Teil der Veröffentlichung enthält die Beschreibung von Versuchsverfahren, die entweder neu in die Prüfung der Kalksandsteine eingeführt worden sind oder in einer von den bei den Prüfungen der Baustoffe sonst üblichen Versuchsanordnung abweichenden Form zur Anwendung gelangen.

Groß-Lichterfelde, im Januar 1908.

Der Verfasser.

Die Verfahren für die Prüfung und die Eigenschaften der Kalksandsteine.

Unter „Kalksandstein" versteht man einen Kunststein, der durch innige Vermengung von Sand und Kalk entstanden, in Ziegelform gepreßt und unter Dampfdruck erhärtet ist. Seine Herstellung gründet sich auf ein dem Altmeister auf dem Gebiete der Mörteltechnik, Dr. W. Michaelis, im Jahre 1880 durch Patent (D. R.-P. Nr. 14195 vom 5. Oktober 1880) geschütztes „Verfahren zur Erzeugung von Kunstsandsteinen durch Einwirkung hochgespannter Dämpfe auf Gemenge von Kalkhydrat und Sand bei 130—300°C in dazu geeigneten Apparaten". Durch diese Erfindung wies Michaelis als erster nach, daß die Aufschließung der quarzigen Kieselsäure, d. h. deren Überführung in lösliche verbindungsfähige Kieselsäure, nur bei hohem Druck bezw. hoher Wärme, in Gegenwart von Feuchtigkeit, möglich ist. Andere Forscher hatten bis dahin die Ansicht vertreten, daß Quarzsand schon unter gewöhnlichen Verhältnissen von Kalkhydrat angegriffen und in lösliche Kieselsäure umgewandelt würde. Donath, Glasenapp, Cramer u. a. haben später, durch planmäßige Versuche und Untersuchung alter Mörtel, die Richtigkeit der Michaelisschen Theorie bestätigt und festgestellt, daß Kalkhydrat auf Quarz bei Luftwärme nicht einwirkt. Man nimmt an, daß auf der durch Michaelis nachgewiesenen Aufschließungsmöglichkeit des Quarzes durch Kalkhydrat und der dabei unter chemischer Wasserbindung vor sich gehenden Bildung eines Kalkhydrosilikates der gesamte Vorgang der Kalksandsteinhärtung beruht; dies Erzeugungsverfahren nennt man „Hochdruckverfahren". Ob tatsächlich die chemische Verbindung „Kalkhydrosilikat" sich bildet, ist noch nicht einwandfrei nachgewiesen.

Ein von dieser Erzeugungsweise abweichendes und auf einem anderen Grundgedanken basierendes Verfahren ist das sogenannte Niederdruckverfahren, das auf dem durch Neffgen verbesserten Patent Cressy beruht. Hiernach werden Steine aus einem Gemisch von zu Pulver gelöschtem Kalk und trockenem Sand oder von feuchtem Sand und ungelöschtem Kalk gepreßt und mehrere Tage in gemauerten Kammern der Einwirkung von Dampf ausgesetzt, der durch Erhitzen von Wasser auf 95° C erzeugt wird. Nach Patent Cressy lagerten die Steine in Wasser von 95° C.

Die Rohstoffe der Kalksandsteinfabrikation sind Quarzsand und gebrannter Kalk.

Als Sand kann jeder reine und nicht zu grobkörnige Quarzsand verwendet werden; ein geringer Lehm- oder Tongehalt (etwa bis 3 %) darf zugelassen werden. Grobkörnige Sande sind weniger geeignet, weil die groben Körner schwer aufschließbar sind.

Als Kalkmaterial eignet sich jeder reine Fettkalk, d. h. Kalk mit hohem (mindestens 90 %) Kalkgehalt. Der in Schachtöfen gebrannte Kalk ist dem in Ringöfen erbrannten vorzuziehen, weil er schneller ablöscht, als dieser; aus dem gleichen Grunde wird schwach gebrannter Kalk dem zu scharf gebrannten vorgezogen[1]). Dolomitische d. h. magnesiahaltige Kalke sind nicht zu empfehlen, da sie sehr träge ablöschen und nicht so gute Erzeugnisse liefern, wie kohlensaure Kalke[2]).

Das Verhältnis von Kalk zu Sand wechselt innerhalb gewisser Grenzen. Der Kalkgehalt ist im Vergleich zu dem von gewöhnlichem Kalkmörtel gering; er schwankt zwischen 5 und 8 % (Kalkmörtel soll mindestens 10 % Ätzkalk- und 13 % Kalkhydrat enthalten).

Aus den von Kalksandsteinfabrikanten gemachten Angaben über das Mischungsverhältnis von Kalk zu Sand (siehe Tab. 2) ist der Kalkgehalt nicht zuverlässig zu berechnen, weil diese Angaben meist zu unbestimmt gehalten sind. Zum Beispiel kann aus der Angabe: 3 Raumteile Sand + 1 Raumteil Kalk oder 1800 kg Sand + 220 kg Kalk nicht berechnet werden, wie das wirkliche Verhältnis von Kalk zu Sand ist. Vielfach ist das Mischungsverhältnis wie folgt angegeben: 200 oder 225 oder 250 kg Kalk auf $2^1/_2$ cm Sand. Das Kubikmeter Sand zu rund 1500 kg angenommen, ergeben sich hieraus die Verhältnisse (Kalk : Sand) in Gewichtsteilen rund zu 1 : 19; 1 : 17 und 1 : 15. Am genauesten sind die Angaben, die das Mischungsverhältnis in von Hundert des Gewichts der Mischung ausdrücken, z. B. 93 v. H. Sand + 7 v. H. Kalk. Vorstehenden Gewichtsverhältnissen würden demnach, auf 100 Gewichtsteile bezogen, entsprechen 5 Kalk : 95 Sand, 5,6 Kalk : 94,4 Sand und 6,25 Kalk : 93,75 Sand.

Auf die Einzelheiten der Kalksandsteinerzeugung und die Fragen, die mit dieser in Verbindung stehen, soll hier nicht näher eingegangen werden. Sie sind in den Fachzeitschriften und in der Literatur der Kalksandsteinerzeugung in erschöpfendster Weise behandelt.[3])

Die wichtigsten Umstände, die bei der Herstellung der Kalksandsteine eine Rolle spielen und die Güte des Enderzeugnisses beeinflussen, sind:

1. Art und Natur (petrographische und chemische Beschaffenheit) des Sandes,
2. Korngröße des Sandes,
3. Kornbeschaffenheit (Form und Oberfläche) des Sandes,
4. Kornzusammensetzung des Sandes,
5. Reinheit (Gehalt an abschlämmbaren d. h. tonigen und lehmigen Bestandteilen) des Sandes,
6. Art (chemische Zusammensetzung) des Kalkes,
7. Art des Brandes (in Ringöfen, Schachtöfen) des Kalkes,
8. Frische des Kalkes,

---

[1]) Förster, Lehrbuch der Baumaterialienkunde. Heft 2. 1. Lieferung. 1905. Leipzig. Verlag Wilh. Engelmann.

[2]) Tonindustrie-Zeitung 1903. II. S. 2204.

[3]) Tonindustrie-Zeitung, Jahrg. 1900 u. ff.; Stöffler, Die Kalksandstein-Fabrikation, 1904. Verlag der Tonindustrie-Zeitung, Berlin. Förster, Lehrbuch der Baumaterialienkunde Heft 2, 1. Lieferung, I. Teil, 1905. Verlag Wilh. Engelmann, Leipzig. Häusinger von Waldegg, bearbeitet von C. Naske, Hamburg, „Die Kalkbrennerei und Zementfabrikation mit Anhang über die Fabrikation von Kalksandsteinen". 1903. Verlag Th. Thomas, Leipzig, u. a.

9. Art (Vollkommenheit) der Ablöschung des Kalkes (Kalkhydratpulver oder gemahlener Ätzkalk),
10. Mischungsverhältnis von Sand zu Kalk,
11. Art und Energie des Mischens von Sand und Kalk,
12. Feuchtigkeitsgehalt des Gemisches,
13. Behandlung des Gemisches vor der Verarbeitung,
14. Art des Formens bezw. Pressens (Höhe des Preßdruckes),
15. Höhe der Dampfspannung beim Härten,
16. Dauer der Wirkung des Dampfdruckes,
17. Art und Dauer der Lagerung der gehärteten Steine.

Von diesen Umständen ist der bedeutsamste und von größtem Einflusse auf die Güte des Fertigproduktes die Art der Ablöschung des Kalkes. Je vollkommener der Kalk abgelöscht wird, desto zuverlässiger und besser ist das Erzeugnis. Seit der Erkenntnis von der Wichtigkeit dieser Frage sind denn auch fast alle Verbesserungen des Kalksandsteinerzeugnisses dahin gerichtet gewesen, möglichst vollkommene Ablöschung des Kalkes zu Kalkhydrat zu erreichen, und die verschiedenen Erzeugungsweisen unterscheiden sich im wesentlichen nur durch die Art der Vorbehandlung des Kalkes oder der Aufbereitung der Rohmasse.

Man unterscheidet zwei Hauptverfahren der Kalkaufbereitung, das sog. Hydrat ~~Ätzkalk~~verfahren (Ablöschung des Ätzkalkes zu Kalkhydrat) und das sog. Ätzkalkverfahren (Mahlen des Ätzkalkes zu Pulver und Ablöschen des Pulvers bei dem Vermischen mit dem Sand). Auf diesen Punkt wird weiter unten bei Besprechung der Beziehungen zwischen Erzeugungsverfahren und den Materialeigenschaften der Kalksandsteine näher eingegangen werden.

Die Prüfung der Kalksandsteine, wie sie zurzeit in der Abteilung für Baumaterialprüfung üblich ist, erstreckt sich auf die Ermittelung nachstehender Eigenschaften:

1. Form und Abmessungen,
2. Gefügebeschaffenheit (Bruch, Gefüge, Farbe),
3. Raumgewicht (r), spezifisches Gewicht (s), Dichtigkeitsgrad ($\mathfrak{d}$), Undichtigkeitsgrad ($\mathfrak{u}$),
4. Wasseraufnahme in Gewichtsprozenten (W_g) und Raumprozenten $\left(W_r = \frac{r\,.\,(G_1 - G)\,.\,100}{G}\right)$[1], Grad der Porenfüllung $\left(\mathfrak{u}_w = \frac{W_r}{\mathfrak{u}\,.\,100}\right)$,
5. Wasserabgabe,
6. Wasseraufnahmefähigkeit der Oberfläche,
7. Gehalt an löslicher Kieselsäure,
8. Frostbeständigkeit,
9. Feuerbeständigkeit,
10. Druckfestigkeit
    a) trocken,
    b) wassersatt,
    c) nach 25-maligem Gefrieren,
11. Haftfestigkeit (am Mörtel),
12. Raumgewicht von Mauerwerk in Kalksandstein,
13. Festigkeit „ „ „ „

[1]) In dieser Formel bedeutet G das Gewicht der getrockneten und G_1 das der (scheinbar) wassersatten Steine.

Auf die Art und Weise, wie vorstehende Eigenschaften ermittelt werden, soll im folgenden nur soweit eingegangen werden, als die Prüfungsverfahren nicht bereits in den „Mitteilungen aus dem Königl. Materialprüfungsamt" (Verlag von Julius Springer, Berlin) geschildert sind [1]) oder ihre Anwendungsweise von der sonst bei der Prüfung von Mauersteinen üblichen abweicht.

Die bei Ziegelsteinen nicht übliche Prüfung auf Gehalt an löslicher Kieselsäure soll einen gewissen Anhalt dafür liefern, inwieweit der zur Erzeugung der Kalksandsteine verwendete Sand beim Härten unter Druck durch das Kalkhydrat aufgeschlossen ist. Der bei der Prüfung festgestellte Gehalt an solcher verbindungsfähigen Kieselsäure stellt jedoch nur dann die Menge der durch Dampfdruckhärtung aufgeschlossenen Kieselsäure dar, wenn die Voraussetzung zutrifft, daß in dem Sande oder Kalk selbst vorher keine lösliche Kieselsäure enthalten oder dem Kalksandsteingemisch nicht künstlich lösliche Kieselsäure in irgend einer Form zugesetzt war. Es kann aus der Höhe des Kieselsäuregehaltes nicht ohne weiteres etwa auf hohe Festigkeit geschlossen werden; indessen ist der Gehalt an Kieselsäure insofern für die Bedeutung der Güte der Steine und namentlich deren Verwendbarkeit für Wasserbauten maßgebend, als Steine sich im Wasser und Frost um so besser verhalten, je höher der Kieselsäuregehalt ist.

Das Verfahren zur Bestimmung des Gehaltes an löslicher Kieselsäure ist folgendes:

Die Abscheidung der löslichen Kieselsäure erfolgt in der bei aufgeschlossenen Silikaten, wie Zement, Schlacke und dergl., üblichen Weise: Übergießen des zerkleinerten Steinmaterials mit Salzsäure, Verdampfen zur Trockne, Aufnehmen mit Salzsäure und Wasser, Filtrieren und Auswaschen.

Der in eine Platinschale gespülte Filterrückstand, bestehend aus Sand und löslicher, aufgeschlossener Kieselsäure, wird mit 5 prozentiger Kalilauge auf siedendem Wasserbade 20 Minuten digeriert, der Sand abfiltriert und mit Wasser ausgewaschen. In dem Filtrat wird die gelöste Kieselsäure wie gewöhnlich bestimmt: Ansäuern des Filtrates mit Salzsäure, Verdampfen zur Trockne, Aufnehmen des Rückstandes mit Salzsäure und Wasser, Filtrieren, Auswaschen und Glühen des Rückstandes.

Um zu verhindern, daß durch die Behandlung mit Salzsäure und Kalilauge der Sand in nennenswertem Grade mit angegriffen wird, darf das zur Analyse verwendete Kalksandsteinmaterial nicht zu fein zerkleinert werden. Das Zertrümmern der Sandkörner ist dabei möglichst zu vermeiden.

Zum Verfahren der Prüfung von Kalksandsteinen auf Druckfestigkeit sei folgendes bemerkt:

Die Vorbereitung der Kalksandsteine zu den Druckversuchen erfolgt in derselben Weise, wie die der Ziegelsteine in Normalformat, nicht etwa, weil es nicht möglich oder schwierig wäre, Materialwürfel aus den Kalksandsteinen herauszuschneiden, ohne ihnen etwa beim Zerschneiden charakteristische Eigenschaften zu nehmen (wie z. B. beim Ziegelstein Entfernung die Brennkruste), sondern um Vergleichbarkeit mit Ziegelsteinen, Schlackensteinen, Zementsteinen und ähnlichen in Normalformat hergestellten Mauersteinen zu erzielen.

Die Kalksandsteine werden wie die Ziegel auf der Steinsäge in zwei Hälften geschnitten und diese mit reinem Zement aufeinandergemauert.

---

[1]) Mitt. Materialpr.-Amt. 1. Gary, Über Ziegelprüfung. Jahrg. 1896 S. 63 ff. 2. Gary, Prüfung natürlicher Gesteine aus den Betriebsjahren 1895/96 bis 1897/98. Jahrg. 1898 S. 243 u. ff. 3. Burchartz, Die Prüfung von Pflastermaterial, Fußbodenbelag und Dachbedeckungsstoffen. Jahrg. 1903 S. 216 ff. 4. Burchartz, Die Prüfung künstlicher Steine anderer Art als Ziegel- und Kalksandsteine. Jahrg. 1905 S. 97 ff.

Handelt es sich um Steine mit Mörtelvertiefung, etwa von der in Fig. 1 dargestellten Form, so werden die Steinhälften nach Maßgabe der Fig. 2 aufeinander gemauert, d. h. so, daß die Seite der einen Steinhälfte, auf der sich die Mörtelvertiefung befindet, auf die glatte Seite der anderen Steinhälfte zu liegen kommt.

Das Abgleichen der als Druckflächen dienenden Flächen geschieht, ebenso wie bei Druckkörpern aus Ziegelsteinen, zwischen eisernen Schienen (Mitt. Materialpr.-Amt 1899, S. 170) mittelst fetten Zementmörtels (Mischung aus 1 Tl. Zement + 1 Tl. feinen Sandes). Die Verwendung von reinem Zementmörtel ohne Sandzusatz für diese Abgleichschichten, wie er früher gebräuchlich war, hat sich als nicht zweckmäßig erwiesen, da die aus reinem Zement hergestellten Abgleichschichten stets Neigung zur Verkrümmung (Schwindung) zeigten oder rissig wurden und infolgedessen leicht unebene Druckflächen lieferten.

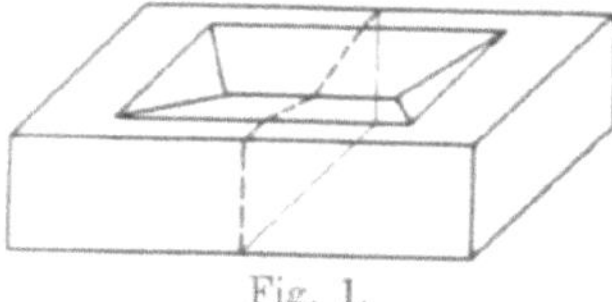

Fig. 1.

Fig. 2.

Die Zementfugen zwischen den Steinhälften und auch die Abgleichschichten fallen bei Kalksandsteinen im allgemeinen etwas dünner aus, als bei Ziegelsteinen, weil die Kalksandsteine gleichmäßigere Form und glattere Seitenflächen haben. Aus dem gleichen Grunde zeigen die Versuchsstücke aus Kalksandsteinen in den Abmessungen unter sich geringere Unterschiede als die aus Ziegelsteinen.

Zum Vergleich sind die Grenzwerte der Maße einer größeren Anzahl Ziegel- und Kalksandsteinsorten, sowie der Abmessungen der zugehörigen Versuchsstücke in Tab. 1 angegeben.

Tab. 1. **Abmessungen von Ziegelsteinen und Kalksandsteinen, sowie von Druckprobekörpern aus solchen Steinen.**

Steinart		Ziegelsteine			Kalksandstein		
Art der Abmessung		Länge cm	Breite cm	Höhe cm	Länge cm	Breite cm	Höhe cm
Ganze Steine	Grenzwerte	24,5—25,5	11,6—12,3	6,2—7,3	24,9—25,2	11,7—12,1	6,5—6,7
	Mittel[1])	25,0	12,0	6,5	25,1	12,0	6,6
Versuchsstücke	Grenzwerte	11,7—12,4	11,6—12,3	14,0—15,3	12,0—12,3	11,7—12,1	14,0—15,6
	Mittel[2])	12,1	12,0	14,8	12,1	12,0	14,8

[1]) Mittel aus je 300 Einzelmessungen.

[2]) „ „ „ 1000 „

Aus den Zahlenwerten geht hervor, daß die Grenzen der linearen Abmessungen der ganzen Steine wie auch der Versuchsstücke bei Ziegelsteinen weiter auseinander liegen als bei Kalksandsteinen; dagegen sind im Durchschnitt die Größenverhältnisse bei beiden Steinarten nahezu die gleichen; die der Versuchsstücke stimmen sogar im Mittel genau überein (lineare Abmessungen 12,1 . 12,0 . 14,8 cm; f = 145 qcm; $\frac{\sqrt{f}}{h}$[1]) = 0,81). Des weiteren erhellt aus den mitgeteilten Abmessungen, daß die Versuchsstücke der Kalksandsteine, ebenso wie die der Ziegelsteine, keine genaue Würfelform haben, sondern Körper sind, die nahezu quadratischen Querschnitt (rund 12,1 . 12,0 cm) und eine Höhenabmessung (rund 14,8 cm) haben, die etwas größer ist, als die Seitenlänge der Grundfläche. Während das Verhältnis $\frac{\sqrt{f}}{h}$ bei Würfeln = 1 ist, beträgt es bei den Versuchs-

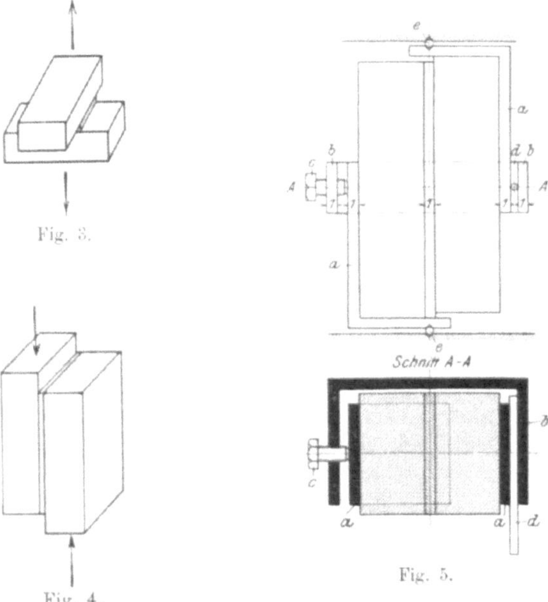

Fig. 3. Fig. 4. Fig. 5.

stücken aus Steinen in Normalformat im Durchschnitt 0,81, ein Umstand, der das Ergebnis des Druckversuchs mit solchen Probestücken gegenüber den Probestücken in Würfelform ungünstig beeinflußt[2]).

In England werden die ganzen Steine zur Druckprobe benutzt, nachdem die Druck- (Flach-) seiten mit Gips abgeglichen sind. In den Vereinigten Staaten verwendet man die halben Steine, die sich beim Biegeversuch ergeben, und ebenet die Druchflächen mit Gips.

Die W a s s e r a u f n a h m e f ä h i g k e i t der Steinoberfläche (Verblendseite) wird ermittelt, indem Glaszylinder von 2,5 cm lichtem Durchmesser auf die Verblendfläche der getrockneten Steine wasserdicht aufgekittet, bis 20 cm Höhe mit Wasser

---

1) $\frac{\sqrt{f}}{h}$ bedeutet $\frac{\sqrt{\text{gedrückte Fläche (qcm)}}}{\text{Höhe (cm)}}$.

2) M a r t e n s, Handbuch der Materialienkunde für den Maschinenbau, I. Teil. 1898. S. 101 u. ff. Abs. 151 und 152, Einfluß der Stabform auf -S, -B und Abs. 160—166. Verlag von Julius Springer, Berlin.

gefüllt und die Wassermengen vermerkt werden, die der Stein in gewissen Zeiträumen aufsaugt.

Die Prüfung von Kalksandsteinen auf Haftfestigkeit am Mörtel geschieht ebenso wie die von anderen Mauersteinen.

Zwei Steine werden mit dem zu prüfenden Mörtel nach Fig. 3 aufeinandergemauert. Die Dicke der Mauerfuge wird auf etwa 1 cm bemessen. Sofort nach dem Vermauern wird auf das Versuchsstück ein Stein von Normalformat gelegt und so lange auf ihm belassen, bis der Mörtel angezogen hat. Die Probekörper lagern an der Luft (im Zimmer oder im Freien). Bei der Prüfung werden die Steine in der Richtung der Pfeile voneinander gerissen. Das Verhältnis $\frac{\text{Bruchlast (kg)}}{\text{Haftfläche (qcm)}}$ ergibt die Haftfestigkeit.

Zur Bestimmung der Schub-(Scher-)festigkeit werden je zwei Steine, wie in Fig. 4 angedeutet, flach aufeinander gemauert. Die übrigen Verhältnisse sind die gleichen wie vorher gesagt.

Beim Versuch werden die Steine in der Richtung parallel zur Fugenebene gegeneinander verschoben. Die Kopfflächen der Steine, auf die der Druck ausgeübt wird, werden vor dem Vermauern der Steine durch Schleifen geebnet.

Bei den beschriebenen Versuchsanordnungen wird indessen weder die reine Haftspannung noch die reine Schubspannung gemessen; es treten vielmehr Nebenspannungen ein, die das Ergebnis des Versuchs unkontrolierbar beeinflussen.

Um diesen Einfluß bei dem Scherversuch möglichst zu verringern, wird neuerdings nach Vorschlag von Rudeloff folgendes Verfahren angewendet.

Die Probekörper werden nach Fig. 5 in Winkel a a aus Eisenblech von 1 cm Dicke und 12 cm Breite eingesetzt und diese mittelst des ⊔-förmigen Eisenstückes b und der Schraube c soweit an die Flachseiten der Steine genähert, bis sie an diesen anliegen.

Zwischen dem unteren Winkel und dem ⊔-Eisen wird die Eisenrolle d eingelegt, um die Gleitbewegung des Probekörpers zu unterstützen. Die Rollen e e bewirken die Übertragung des Druckes in der Ebene der Fuge.

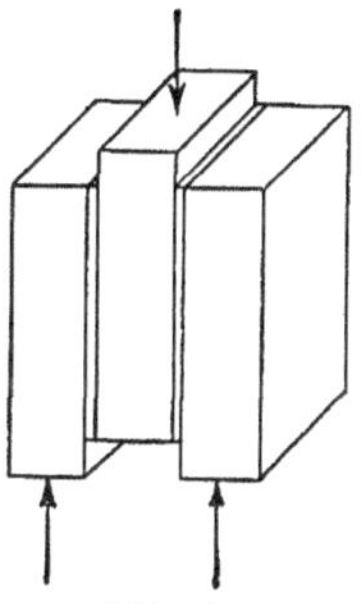

Bei einer Reihe vergleichender Versuche mit Kalksandsteinen und Ziegelsteinen sind die Probekörper für die Fest- oder ebenso Scherversuche in der Weise vorbereitet worden, daß drei Steine nach Maßgabe der Fig. 6 aufeinander gemauert wurden. Über die Ergebnisse dieser Versuche ist weiter unten berichtet.

Fig. 6.

Für die Prüfung von Kalksandsteinen auf Feuerbeständigkeit, d. h. auf Verhalten gegenüber der Beanspruchung, wie sie etwa im Schadenfeuer mittlerer Stärke bewirkt wird, werden kleine Gebäude aus den zu prüfenden Steinen errichtet. Über die Abmessungen solcher Versuchshäuschen und die Beobachtungen, die bei den Brandproben gemacht werden, finden sich nähere Angaben in den „Mitteilungen“ 1900, Heft 1. S. 1 ff.

Die Ergebnisse der seit dem Jahre 1897 bis 1906 in der Abteilung für Baumaterialprüfung vorgenommenen Prüfungen von Kalksandsteinen sind in Tab. 2, nach Jahrgängen geordnet, zusammengestellt, und zwar soweit die Antragsteller ihre Genehmigung erteilt haben, unter Angabe der Herkunft der Steine. Die Bedeutung der Zahlen ist aus dem Tabellenkopfe ersichtlich. Aus den Versuchsreihen sind die Mittelwerte (fettgedruckt) für die Festigkeit neben den unteren und oberen Grenzwerten angegeben.

Tab. 2. **Ergebnisse der Prüfung**

1	2	3	4	5	6	7	8	9	10	11
			Mittleres Gewicht der Steine im						Druckfestig-	
Lfd. Nr.	Antragsteller; Herkunft der Steine.	Abmessungen der Steine Länge, Breite, Höhe in cm	Anlieferungs- (lufttrockenen) Zustande kg	trockenen Zustande G kg	Raumgewicht r, Spezifisches Gewicht s, $b = \frac{r}{s}$ $u = 1 - b$	Rauminhalt der Steine $J = \frac{G}{r}$ l	Wasseraufnahme a) Gewichtsprozent W_g b) Raumprozent $W_r = \frac{r.(G_1 - G).100}{G}$ %	Grad der Porenfüllung $u_w = \frac{W_r}{u.100}$	a) Abmessungen der Versuchsstücke in cm b) Gedrückte Fläche f in qcm c) $\frac{\sqrt{f}}{h}$	trocken kg/qcm
					1897.					
1	2/839	l = 23,1 b = 11,0 h = 5,7	2,546	2,468	r = 1,756 s = 2,552 b = 0,688 u = 0,312	1,405	a) 16,0 b) 28,1	0,9	a) 11,3.11,0.13,0 b) f = 124 c) 0,85	159 **138** 108
					1898.					
2	W. Olschewsky, Berlin	l = 25,0 b = 12,0 h = 6,5	3,600	—	—	—	a) 10,0	—	a) 12,0.12,0.14,5 b) f = 144 c) 0,83	296 **238** 170
3	2/976a	l = 23,0 b = 10,9 h = 5,7	2,640	—	—	—	—	—	a) 11,2.10,9.12,5 b) f = 122 c) 0,80	188 **163** 143
4	2/976b	l = 23,0 b = 10,9 h = 6,5	2,810	—	—	—	—	—	a) 11,2.10,9.13 b) f = 122 c) 0,85	258 **221** 192
5	2/999	l = 25,0 b = 12,0 h = 6,5	3,231	3,051	r = 1,601 s = 2,563 b = 0,625 u = 0,375	1,906	a) 20,4 b) 32,6	0,87	a) 12,2.12,0.15,0 b) f = 146 c) 0,81	91 **71** 57
6	Simon Neffgen, Mülheim a. Rh.	l = 25,0 b — 12,0 h = 6,5	3,650	—	—	—	—	—	a) 12.1.12,0.14,6 b) f = 145 c) 0,82	85 **73** 59

von Kalksandsteinen.

12	13	14	15								
keit		Gehalt an löslicher Kieselsäure	Angaben des Antragstellers								
wassersatt	nach 25-maligem Gefrieren		Herstellungsverfahren	Art der Rohstoffe (Kalk und Sand), Art der Aufbereitung. Art des Löschens des Kalkes	Art des Mischens der Rohstoffe	Wie und wie lange lagert das Gemisch und welche Wärme hat es?	Art der Steinpresse	Dauer der Lagerung der Preßlinge vor dem Einbringen an die Härtestelle	Dauer der Lagerung im Kessel und Höhe der Dampfspannung	Art der Behandlung nach der Entnahme aus dem Kessel	Verwendungszweck
kg/qcm	kg/qcm	%							Atm.		
1897.											
153 **111** 80	139 **95** 53	Gehalt an löslichen Salzen (nach Ausfällen des Kalkes): 0,26 % (vorwiegend Gips)	—	—	—	—	—	—	—	—	—
1898.											
— — —	253 **219** 184	—	Eigenes Verfahren	Fettkalk mit 94—95% CaO. Ziemlich reiner quarziger Sand von feinem bis grobem Korn. Kalk wird in der Löschtrommel zu Pulver gelöscht. Sand wird im Anlieferungszustand verarbeitet.	Kalkhydrat und Sand werden nach Raumteilen zusammengesetzt im Kollergang gemischt.	Gemisch wird direkt vom Kollergang kommend verarbeitet. Im Sommer Luftwärme, im Winter 16—18° C.	Horizontalwirkende Presse für Hintermauerungssteine; vertikal wirkende Kniehebelpresse für Rohbausteine.	Steine sofort in den Härtekessel.	Einschl. Anwärmung und Abkühlung etwa 15 Std. 8—10 Std. unter 7 Atm. Druck.	Meist sofort verladen.	Als Hintermauerungssteine und Verblender zum Häuserbau, Gartenmauern usw.
—	—	—	—	—	—	—	—	—	—	—	—
—	—	—	—	—	—	—	—	—	—	—	—
77 **58** 48	77 **58** 50	—	—	—	—	—	—	—	—	—	—
62 **53** 36	65 **52** 41	—	Patent Nr. 76246	Kalk aus Geseke oder ähnlicher Kalk; Sand in Griesform im Rheingebiet gewonnen. Gemahlener Kalk ungelöscht oder Kalkpulver gelöscht. Sand wird gesiebt und im Anlieferungszustand verarbeitet. Gehalt an Ton gering.	Nach Raumteilen zusammengesetzt, in Mischmaschinen gemischt, dann auf Kollergang.	Bei gemahlenem Ätzkalk 6 Std., bei gelöschtem Kalk sofort verbraucht; 17—20° C.	Presse von Dr. Bernhardi Sohn, Eilenburg, oder in Formen gestampft.	Sofort in die Härtekessel.	Je nach der Größe der Preß- oder Stampfsteine 12—72 Std. unter 1-8 Atm. Druck.	Steine können sofort verwertet werden.	Zu allen Bauzwecken als Mauersteine in Ziegelform oder als Werksteine nach Zeichnung bearbeitet.

Tabelle 2 (Fortsetzung).

1	2	3	4	5	6	7	8	9	10	11
			Mittleres Gewicht der Steine im						Druckfestig-	
Lfd. Nr.	Antragsteller; Herkunft der Steine.	Abmessungen der Steine Länge, Breite, Höhe in cm	Anlieferungs- (lufttrockenen) Zustande kg	trockenen Zustande G kg	Raumgewicht r, Spezifisches Gewicht s, $\mathfrak{d} = \frac{r}{s}$ $\mathfrak{u} = 1 - \mathfrak{d}$	Rauminhalt der Steine $J = \frac{G}{r}$ l	Wasseraufnahme a) Gewichtsprozent W_g b) Raumprozent $W_r = \frac{r \cdot (G_1 - G) \cdot 100}{G}$ %	Grad der Porenfüllung $\mathfrak{u}_w = \frac{W_r}{\mathfrak{u} \cdot 100}$	a) Abmessungen der Versuchsstücke in cm b) Gedrückte Fläche f in qcm c) $\frac{\sqrt{f}}{h}$	trocken kg/qcm
7	2/1192 a	l = 25,1 b = 12,1 h = 6,7	3,632	—	—	—	—	—	a) 12,1 . 12,1 . 15,0 b) f = 146 c) 0,81	—
8	2/1192 b	l = 25,1 b = 12,1 h = 6,7	3,628	—	—	—	—	—	a) 12,1 . 12,1 . 15,0 b) f = 146 c) 0,81	—
9	Chemische Fabrik Idaweiche, G. m. b. H., Idaweiche O.-S.	l = 25,0 b = 12,0 h = 6,7	3,911	3,863	r = 1,868 s = 2,428 $\mathfrak{d}$ = 0,763 $\mathfrak{u}$ = 0,237	2,068	a) 9,0 b) 16,6	0,7	a) 12,1 . 12,0 . 15,4 b) f = 145 c) 0,78	375 **300** 254
	1899.									
10	2/1293 a	l = 23,0 b = 11,0 h = 5,6	2,475	—	—	—	—	—	a) 11,2 . 11,0 . 13,0 b) f = 123 c) 0,85	117 **99** 69
11	2/1293 b	l = 23,0 b = 11,0 h = 5,5	2,454	—	—	—	—	—	a) 11,0 . 11,0 . 13,0 b) f = 121 c) 0,85	98 **89** 76
12	2/1293 c/I, II	l = 23,1 b = 11 0 h = 5,5	2,434	—	—	—	—	—	I. a) 11,2 . 11,0 . 13,0 b) f = 123 c) 0,85 II. a) 11,3 . 11,0 . 13,0 b) f = 124 c) 0,86	**106** **101**
13	2/1293 d	l = 23,2 b = 11,0 h = 5,8	2,622	—	—	—	—	—	a) 11,2 . 11,0 . 13,0 b) f = 123 c) 0,85	**104**
14	2/1293 e	l = 23,0 b = 11,0 h = 5,8	2,458	—	—	—	—	—	a) 11,1 . 11,0 . 13,0 b) f = 122 c) 0,85	**97**
15	2/1293 f	l = 23,0 b = 11,0 h = 5,4	2,405	—	—	—	—	—	a) 11,2 . 11,0 . 13,0 b) f = 123 c) 0,85	**96**
16	2/1293 g	l = 22,9 b = 11,0 h = 5,9	2,570	—	—	—	—	—	a) 11,3 . 11,0 . 13,0 b) f = 124 c) 0,86	**118**

12	13	14	15								
keit			Angaben des Antragstellers								
wassersatt kg/qcm	nach 25-maligem Gefrieren kg/qcm	Gehalt an löslicher Kieselsäure %	Herstellungsverfahren	Art der Rohstoffe (Kalk und Sand), Art der Aufbereitung. Art des Löschens des Kalkes	Art des Mischens der Rohstoffe	Wie und wie lange lagert das Gemisch und welche Wärme hat es?	Art der Steinpresse	Dauer der Lagerung der Preßlinge vor dem Einbringen an die Härtestelle	Dauer der Lagerung im Kessel und Höhe der Dampfspannung Atm.	Art der Behandlung nach der Entnahme aus dem Kessel	Verwendungszweck
—	239 **193** 144	—	—	—	—	—	—	—	—	—	—
—	222 **196** 164	—	—	—	—	—	—	—	—	—	—
359 **277** 197	330 **295** 251	—	Nach dem Härteverfahren unter Dampf.	Oberschlesischer Stückkalk, im eigenen Betriebe gebrannt u. gemahlen; Bausand aus der Gegend. Zu Pulver gelöschtes Kalkhydrat (in der Trommel). Sand im Gewinnungszustand.	Nach Raumteilen im Kollergang und in der Misch pfanne.	—	Herkulespresse oder hydraulische Presse.	Höchstens 1 Std.	8—10 Std. unter 9 Atm.	Gelagert.	Zu Bauten jeglicher Art.
1899.											
—	—	—	—	—	—	—	—	—	—	—	—
—	—	—	—	—	—	—	—	—	—	—	—
—	—	—	—	—	—	—	—	—	—	—	—
—	—	—	—	—	—	—	—	—	—	—	—
—	—	—	—	—	—	—	—	—	—	—	—
—	—	—	—	—	—	—	—	—	—	—	—
—	—	—	—	—	—	—	—	—	—	—	—
—	—	—	—	—	—	—	—	—	—	—	—

Tabelle 2 (Fortsetzung).

1	2	3	4	5	6	7	8	9	10	11
			Mittleres Gewicht der Steine im						Druckfestig-	
Lfd. Nr.	Antragsteller; Herkunft der Steine.	Abmessungen der Steine Länge, Breite, Höhe in cm	Anliefe-rungs- (lufttrocke-nen) Zustande kg	trockenen Zustande G kg	Raumgewicht r, Spezifisches Gewicht s, $\mathfrak{d} = \frac{r}{s}$ $u = 1 - \mathfrak{d}$	Rauminhalt der Steine $J = \frac{G}{r}$ l	Wasseraufnahme a) Gewichtsprozent Wg b) Raumprozent $W_r = \frac{r \cdot (G_1 - G) \cdot 100}{G}$ %	Grad der Porenfüllung $u_w = \frac{W_r}{u \cdot 100}$	a) Abmessungen der Versuchsstücke in cm b) Gedrückte Fläche f in qcm c) $\frac{\sqrt{f}}{h}$	trocken kg/qcm
17	W. Olschewsky, Berlin	l = 25,0 b = 12,0 h = 6,5	3,475	3,342	—	—	—	—	a) 25,0.12,0.15,0 b) f = 300 c) 1,15	229 **203** 184
18	W. Olschewsky, Berlin	l = 25,0 b = 12,0 h = 6,5	3,475	3,342	—	—	a) 13,8	—	a) 25,0.12,0.15,0 b) f = 300 c) 1,15	206 **185** 136
19	C. Kupferschmidt, Stettin	l = 25,0 b = 12,0 h = 6,5	3,757	3,668	—	—	—	—	a) 12,1.12,0.14,8 b) f = 145 c) 0,81	272 **251** 229
20	W. Olschewsky, Berlin	l = 25,0 b = 12,0 h = 6,5	3,690	3,504	—	—	a) 13,7	—	a) 12,1.12,0.14,5 b) f = 145 c) 0,83	265 **220** 176
21	2/1361	l = 25,0 b = 12,0 h = 6,5	3,988	3,858	—	—	—	—	a) 12,3.12,0.15,0 b) f = 148 c) 0,80	128 **99** 77
22	2/1378	l = 25,0 b = 12,0 h = 7,0/6,0	3,825	3,722	—	—	—	—	a) 12,1.12,0.15,0 b) f = 145 c) 0,80	94 **85** 78
23	2/1397	l = 25,5 b = 12,0 h = 7,0	4,283	3,918	—	—	a) 14,0	—	a) 12,5.12,0.15,8 b) f = 150 c) 0,76	193 **162** 147
24	2/1424	l = 25,5 b = 12,0 h = 7,0	3,894	3,775	—	—	—	—	a) 12,3.12,0.16,0 b) f = 148 c) 0,75	168 **141** 86
25	H. Hasenfelder, Neutomischel	l = 25,0 b = 12,0 h = 6,5	3,558	3,488	—	—	—	—	a) 12,1.12,0.14,8 b) f = 145 c) 0,81	316 **228** 145
26	2/1457	l = 23,0 b = 11,5 h = 5,0	2,310	2,250	—	—	—	—	a) 11,2,11,5.11,5 b) f = 129 c) 0,96	99 **75** 62
27	2/1480	l = 25,5 b = 12,0 h = 6,5	3,587	3,521	r = 1,830 s = 2,485 $\mathfrak{d}$ = 0,736 u = 0,264	1,989	a) 12,0 b) 23,0	0,9	a) 12,4.12,0.14,5 b) f = 149 c) 0,83	178 **157** 134

12	13	14	15								
keit			Angaben des Antragstellers								
wassersatt kg/qcm	nach 25-maligem Gefrieren kg/qcm	Gehalt an löslicher Kieselsäure %	Herstellungsverfahren	Art der Rohstoffe (Kalk und Sand), Art der Aufbereitung. Art des Löschens des Kalkes	Art des Mischens der Rohstoffe	Wie und wie lange lagert das Gemisch und welche Wärme hat es?	Art der Steinpresse	Dauer der Lagerung der Preßlinge vor dem Einbringen an die Härtestelle	Dauer der Lagerung im Kessel und Höhe der Dampfspannung Atm.	Art der Behandlung nach der Entnahme aus dem Kessel	Verwendungszweck
206 **185** 136	} durch Feuer beansprucht	5,50	Vgl. lfd. Nr. 2	—	—	—	—	—	—	—	—
} nach der Beanspruchung durch Feuer		—	Vgl. lfd. Nr. 2	—	—	—	—	—	—	—	—
—	—	—	—	—	—	—	—	—	—	—	—
—	241 **205** 169	—	Vgl. lfd. Nr. 2	—	—	—	—	—	—	—	—
109 **99** 73	} durch Feuer beansprucht	—	—	—	—	—	—	—	—	—	—
—	—	—	—	—	—	—	—	—	—	—	—
165 **146** 107	175 **156** 137	—	—	—	—	—	—	—	—	—	—
—	—	—	—	—	—	—	—	—	—	—	—
—	285 **209** 148	—	Härteverfahren mit Dampf.	Oberschlesischer (Gogoliner) Kalk. Reiner Dünensand von sehr feinem Korn. Im Härtekessel zu Pulver gelöschtes Kalkhydrat. Sand im Gewinnungszustand.	Nach Gewichtsteilen im Kollergang (12—15 Umdrehungen).	Nicht gelagert; annähernd Luftwärme.	Kahlsche Presse.	Sofort nach dem Pressen in den Härtekessel.	Etwa 6 Std. unter 7 Atm.	Gelagert.	Zu allen Bauarbeiten.
—	88 **59** 37	—	—	—	—	—	—	—	—	—	—
149 **134** 117	131 **120** 111	—	—	—	—	—	—	—	—	—	—

Tabelle 2 (Fortsetzung).

1	2	3	4	5	6	7	8	9	10	11
Lfd. Nr.	Antragsteller; Herkunft der Steine.	Abmessungen der Steine Länge, Breite, Höhe in cm	Mittleres Gewicht der Steine im Anlieferungs- (lufttrockenen) Zustande kg	Mittleres Gewicht der Steine im trockenen Zustande G kg	Raumgewicht r, Spezifisches Gewicht s, $\mathfrak{d} = \frac{r}{s}$ $\mathfrak{u} = 1 - \mathfrak{d}$	Rauminhalt der Steine $J = \frac{G}{r}$ l	Wasseraufnahme a) Gewichtsprozent W_g b) Raumprozent $W_r = \frac{r.(G_1 - G).100}{G}$ %	Grad der Porenfüllung $\mathfrak{u}_w = \frac{W_r}{\mathfrak{u}.100}$	Druckfestig- a) Abmessungen der Versuchsstücke in cm b) Gedrückte Fläche in cm c) $\frac{\sqrt{f}}{h}$	Druckfestig- trocken kg/qcm
28	W. Herbrechtsmeyer, Bünde i. W.	l = 25,0 b = 12,0 h = 6,8	3,527	3,413	—	—	—	—	a) 12,3.12,0.15,4 b) f = 148 c) 0,78	199 **171** 149
29	2/1593 a	l = 25,0 b = 12,0 h = 6,6	3,525	3,448	r = 1,656 s = 2,516 $\mathfrak{d}$ = 0,658 $\mathfrak{u}$ = 0,342	2,020	a) 17,0 b) 27,0	0,8	a) 12,3.12,0.14,9 a) f = 148 c) 0,81	212 **171** 152
30	2/1606	l = 25,0 b = 12,0 h = 7,0	3,827	3,677	r = 1,802 s = 2,533 $\mathfrak{d}$ = 0,711 $\mathfrak{u}$ = 0,289	2,142	a) 12,5 b) 22,5	0,8	a) 12,2.12,0.15,2 b) f = 146 c) 0,79	222 **184** 161
31	Albert Engel, J. Grünewald & Co. Nachf., Hamburg	l = 25,5 b = 12,0 h = 6,5	3,474	3,295	—	—	a) 16,1	—	a) 12,4.12,0.14,5 b) f = 149 c) 0,83	201 **172** 148
					1900.					
32	2/1845	l = 25,0 b = 12,0 h = 6,5	3,656	3,539	—	—	—	—	a) 12,2.12,0.14,9 b) f = 146 c) 0,81	147 **113** 84
33	2/1850	l = 25,0 b = 12,0 h = 6,5	3,257	3,130	r = 1,567 s = 2,553 $\mathfrak{d}$ = 0,614 $\mathfrak{u}$ = 0,386	1,992	a) 19,8 b) 31,0	0,8	a) 12,2.12,0.14,1 b) f = 146 c) 0,85	171 **138** 97
34	2/1861 a	l = 25,0 b = 12,0 h = 7,0	—	3,707	—	—	—	—	a) 12,0.12,0.15,0 b) f = 144 c) 0,80	146 **123** 92

12	13	14	15								
keit			Angaben des Antragstellers								
wassersatt kg/qcm	nach 25-maligem Gefrieren kg/qcm	Gehalt an löslicher Kieselsäure %	Herstellungsverfahren	Art der Rohstoffe (Kalk und Sand), Art der Aufbereitung. Art des Löschens des Kalkes	Art des Mischens der Rohstoffe	Wie und wie lange lagert das Gemisch und welche Wärme hat es?	Art der Steinpresse	Dauer der Lagerung der Preßlinge vor dem Einbringen an die Härtestelle	Dauer der Lagerung im Kessel und Höhe der Dampfspannung Atm.	Art der Behandlung nach der Entnahme aus dem Kessel	Verwendungszweck
—	152 **131** 96	—	Härteverfahren mit Dampf (Olschewsky).	Im Ringofen gebrannter Kalk aus Lüstringen; zu Pulver in der Löschtrommel gelöscht. Feiner Sand frei von Ton, in Schuppen an der Luft getrocknet.	Nach Gewichtsteilen in einer Mischmaschine u. Trommel $^1/_2$ Std. lang.	Nicht gelagert. Durchschnittlich 18° C.	Presse von Brück, Kretschel & Co., Osnabrück.	—	10 Std. unter 7 $^1/_2$ Atm.	In vielen Fällen sogleich verladen; meist gelagert.	Zu allen Bauwerken
130 **115** 93	122 **99** 77	—	—	—	—	—	—	—	—	—	—
246 **187** 161	168 **149** 123	—	—	—	—	—	—	—	—	—	—
166 **138** 108	184 **160** 144	—	Kleber.	Dünensand, zum größten Teil feinkörnig.	—	—	—	—	—	—	—
1900.											
—	—	—	—	—	—	—	—	—	—	—	—
133 **121** 110	137 **122** 103	—	—	—	—	—	—	—	—	—	—
—	108 **96** 85	—	Niederdruckverfahren.	Geseker Ringofen-Weißkalk, in der Mischtrommel zu Pulver gelöscht. Halbscharfer Grubensand ungetrocknet, teils ungesiebt, teils gesiebt, mit sehr geringem Tongehalt.	Nach Raumteilen in Mischmaschinen.	1 Tag gelagert. Etwa 32° C.	Kahlsche Herkulespresse.	Sofort in gemauerte Kammern.	72 Std. bei 1 Atm.	Teils gelagert, teils sofort verladen.	Zu allen Mauerarbeiten (Hochbauten).

Tabelle 2 (Fortsetzung).

1	2	3	4	5	6	7	8	9	10	11
Lfd. Nr.	Antragsteller; Herkunft der Steine.	Abmessungen der Steine Länge, Breite, Höhe in cm	Mittleres Gewicht der Steine im Ablieferungs- (lufttrockenen) Zustande kg	Mittleres Gewicht der Steine im trockenen Zustande G kg	Raumgewicht r, Spezifisches Gewicht s, $\mathfrak{d} = \frac{r}{s}$ $\mathfrak{u} = 1 - \mathfrak{d}$	Rauminhalt der Steine $J = \frac{G}{r}$ l	Wasseraufnahme a) Gewichtsprozent W_g b) Raumprozent $W_r = \frac{r \cdot (G_1 - G) \cdot 100}{G}$ %	Grad der Porenfüllung $\mathfrak{u}_w = \frac{W_r}{\mathfrak{u} \cdot 100}$	Druckfestig- a) Abmessungen der Versuchsstücke in cm b) Gedrückte Fläche f in qcm c) $\frac{\sqrt{f}}{h}$	Druckfestig- trocken kg/qcm
35	Hartziegelwerk Bramsche, G. m. b. H., Bramsche	l = 24,5 b = 12,0 h = 6,5	3,416	3,286	—	—	—	—	a) 12,0 . 12,0 . 14,8 b) f = 144 c) 0,81	153 **131** 108
36	2/1942 a	l = 25,0 b = 12,0 h = 6,5	3,301	3,292	—	—	a) 16,4	—	a) 12,1 . 12,0 . 14,6 u. 12 . 12 . 14,6 b) f = 144 u. 145 c) 0,82	69 **58** 49
37	2/1942 b	l = 25,0 b = 12,0 h = 6,5	2,711	2,567	—	—	a) 30,4	—	a) 12,1 . 12,0 . 14,6 b) f = 145 c) 0,82	80 **69** 62
38	2/1944	l = 25,0 b = 12,0 h = 6,5	3,318	—	—	—	—	—	a) 12,1 . 12,0 . 14,6 b) f = 145 c) 0,82	lufttrocken: 93 **80** 70 Nach der Beanspruchung durch Feuer bei langsamer Abkühlung: 85 **70** 55
39	2/1951	l = 25,0 b = 12,0 h = 6,5	3,658	3,509	r = 1,814 s = 2,439 $\mathfrak{d}$ = 0,744 $\mathfrak{u}$ = 0,256	1,929	a) 14,3 b) 25,8	1,0	a) 12,2 . 12,0 . 15,0 b) f = 146 c) 0,80	168 **138** 100
40	Deutsches Hartziegelwerk, G. m. b. H., Breslau X.	l = 25,0 b = 12,0 h = 6,5	3,670	3,600	—	—	a) 12,7	—	a) 12,2 . 12,0 . 14,6 b) f = 146 c) 0,82	164 **139** 120

12	13	14	15									
keit			Angaben des Antragstellers									
wassersatt kg/qcm	nach 25-maligem Gefrieren kg/qcm	Gehalt an löslicher Kieselsäure %	Herstellungsverfahren	Art der Rohstoffe (Kalk und Sand), Art der Aufbereitung Art des Löschens des Kalkes	Art des Mischens der Rohstoffe	Wie und wie lange lagert das Gemisch und welche Wärme hat es?	Art der Steinpresse	Dauer der Lagerung der Preßlinge vor dem Einbringen an die Härtestelle	Dauer der Lagerung im Kessel und Höhe der Dampfspannung Atm.	Art der Behandlung nach der Entnahme aus dem Kessel	Verwendungszweck
—	229 **135** 92	—	Härteverfahren mit Dampf.	Lengerischer Ringofenkalk mit 93% CaO, gemahlen, ungelöscht. Sand aus der Gegend, ungetrocknet, ungesiebt, ungeschlämmt.	Nach Gewichtsteilen, von Hand u. im Kollergang.	24 Std.	Brück, Kretschel & Co zu Osnabrück.	Jeder Wagen nach Füllung in die Härtekessel	10 Std. unter 8 Atm.	Gelagert oder sogleich verwendet, je nach Bedarf.	Für alle Zwecke.
58 **48** 38	—	—	—	—	—	—	—	—	—	—	—
57 **41** 33	—	—	—	—	—	—	—	—	—	—	—
64 **57** 51	67 **56** 46 Nach der Beanspruchung durch Feuer bei plötzlicher Abkühlung: 75 **66** 59	— —	— —	— —	— —	— —	— —	— —	— —	— —	— —
151 **115** 89	144 **116** 89	—	—	—	—	—	—	—	—	—	—
—	110 **101** 87	—	Löschtrommel und hochgespannter Dampf.	Oberschlesischer Ringofenkalk, in der Löschtrommel zu Pulver gelöscht. 2/3 Odersand und 1/3 Schachtsand gesiebt, ungeschlämmt, ungetrocknet.	Raumteile; Lösch- u. Mischtrommel; Kollergang.	Nicht gelagert.	Kahlsche Pressen.	Ohne Lagerung.	10 Std. unter 8 Atm.	Sogleich verwendet oder gelagert, je nach Bedarf.	Zu allen Bauzwecken.

Tabelle 2 (Fortsetzung).

1	2	3	4	5	6	7	8	9	10	11
Lfd. Nr.	Antragsteller; Herkunft der Steine.	Abmessungen der Steine Länge, Breite, Höhe } in cm	Mittleres Gewicht der Steine im Anlieferungs-lufttrockenen Zustande kg	trockenen Zustande G kg	Raumgewicht r, Spezifisches Gewicht s, $\mathfrak{d} = \frac{r}{s}$ $\mathfrak{u} = 1 - \mathfrak{d}$	Rauminhalt der Steine $J = \frac{G}{r}$ l	Wasseraufnahme a) Gewichtsprozent W_g b) Raumprozent $W_r = \frac{r.(G_1 - G).100}{G}$ %	Grad der Porenfüllung $\mathfrak{u}_{\mathfrak{w}} = \frac{W_r}{\mathfrak{u}.100}$	Druckfestig- a) Abmessungen der Versuchsstücke in cm b) Gedrückte Fläche f in qcm c) $\frac{\sqrt{f}}{h}$	trocken kg/qcm
41	2/2078	l = 25,0 b = 12,0 h = 6,5	3,658	3,526	—	—	—	—	a) 12,1 . 12,0 . 14,5 b) f = 145 c) 0,83	138 **112** 72
42	2/2107	= 25,0 b = 12,0 h = 6,5	3,511	3,462	r = 1,795 s = 2,572 𝔡 = 0,698 𝔲 = 0,302	1,929	a) 15,4 b) 27,0	0.9	a) 12,1 . 12,0 . 14,8 b) f = 145 c) 0,81	138 **125** 111
43	2/2138	l = 25,0 b = 12,0 h = 6,5	3,484	3,308	r = 1,780 s = 2,521 𝔡 = 0,706 𝔲 = 0,294	1,858	a) 14,5 b) 25,8	0,9	a) 12,1 . 12,0 . 14,5 b) f = 145 c) 0,83	217 **188** 165
44	2/2160	l = 25,0 b = 12,0 h = 6,5	3,325	3,189	r = 1,696 s = 2,542 𝔡 = 0,667 𝔲 = 0,333	1,880	a) 17,1 b) 28,9	0,9	a) 12,3 . 12,0 . 14,3 b) f = 148 c) 0,84	135 **115** 96
45	2/2207	l = 25,0 b = 12,0 h = 6,5	3,534			—	—	—	a) 12,1 . 12,0 . 14,5 b) f = 145 c) 0,83	—
46	2/2220	l = 25,0 b = 12,0 h = 6,5	3,275	2,965	r = 1,564 s = 2,564 𝔡 = 0,610 𝔲 = 0,390	1,896	a) 23,4	—	a) 12,2 . 12,0 . 14,3 b) f = 146 c) 0,84	32 **29** 25
47	2/2266	l = 25,0 b = 12,0 h = 6,5/6,9	3,850	3,605	r = 1,752 s = 2,542 𝔡 = 0,689 𝔲 = 0,311	2,058	a) 15,2 b) 26,6	0,9	a) 12,2 . 12,0 . 15,2 b) f = 146 c) 0,79	243 **188** 137
48	2/2269	l = 25,0 b = 12,0 h = 6,5	3,904	3,794	r = 1,903 s = 2,573 𝔡 = 0,740 𝔲 = 0,260	1,994	a) 10,3 b) 19,6	0,8	a) 12,1 . 12,0 . 15,1 b) f = 145 c) 0,79	117 **110** 101
49	2/2273 a	l = 25,0 b = 12,0 h = 6,5	3,330	3,241	—	—	—	—	a) 12,2 . 12,0 . 14,6 b) f = 146 c) 0,82	113 **90** 81

12	13	14	15								
keit			Angaben des Antragstellers								
wassersatt kg/qcm	nach 25-maligem Gefrieren kg/qcm	Gehalt an löslicher Kieselsäure %	Herstellungsverfahren	Art der Rohstoffe (Kalk und Sand), Art der Aufbereitung. Art des Löschens des Kalkes	Art des Mischens der Rohstoffe	Wie und wie lange lagert das Gemisch und welche Wärme hat es?	Art der Steinpresse	Dauer der Lagerung der Preßlinge vor dem Einbringen an die Härtestelle	Dauer der Lagerung im Kessel und Höhe der Dampfspannung Atm.	Art der Behandlung nach der Entnahme aus dem Kessel	Verwendungszweck
—	—	—	—	—	—	—	—	—	—	—	—
107 **93** 75	88 **72** 58	—	—	—	—	—	—	—	—	—	—
182 **164** 117	162 **147** 129	—	—	—	—	—	—	—	—	—	—
122 **94** 77	83 **78** 61	—	—	—	—	—	—	—	—	—	—
—	72 **56** 39	—	—	—	—	—	—	—	—	—	—
17 **14** 10	Nach 5maligem Gefrieren vollständig zerstört.	10,56	—	—	—	—	—	—	—	—	—
232 **191** 147	202 **174** 151	6,91	—	—	—	—	—	—	—	—	—
104 **94** 81	94 **84** 65	—	—	—	—	—	—	—	—	—	—
—	Nach der Feuereinwirkung waren die Steine für Druckversuche nicht mehr tauglich.	—	Zwei Sorten gebrannter Ziegelsteine, auf Druckfestigkeit im Trockenzustand und nach der Beanspruchung durch Feuer gleichzeitig geprüft, ergaben im Mittel:								

	im trockenen Zustand:	nach Feuereinwirkung und plötzlicher Abkühlung:
Ziegel A	168 kg/qcm	125 kg/qcm
„ B	315 „	Steine für die Versuche untauglich.

Tabelle 2 (Fortsetzung).

1	2	3	4	5	6	7	8	9	10	11
Lfd. Nr.	Antragsteller; Herkunft der Steine.	Abmessungen der Steine Länge, Breite, Höhe in cm	Mittleres Gewicht der Steine im Anlieferungs- (lufttrockenen) Zustande kg	Mittleres Gewicht der Steine im trockenen Zustande G kg	Raumgewicht r, Spezifisches Gewicht s, $\mathfrak{d} = \frac{r}{s}$ $\mathfrak{u} = 1 - \mathfrak{d}$	Rauminhalt der Steine $J = \frac{G}{r}$ l	Wasseraufnahme a) Gewichtsprozent W_g b) Raumprozent $W_r = \frac{r.(G_1 - G).100}{G}$ $^0/_0$	Grad der Porenfüllung $\mathfrak{u}_w = \frac{W_r}{\mathfrak{u}.100}$	Druckfestig- a) Abmessungen der Versuchsstücke in cm b) Gedrückte Fläche f in qcm c) $\frac{\sqrt{f}}{h}$	trocken kg/qcm
50	2/2292	l = 25,0 b = 12,0 h = 6,5	3,619	3,526	r = 1,821 s = 2,581 $\mathfrak{d}$ = 0,706 $\mathfrak{u}$ = 0,294	1,936	a) 12,6 b) 24,7	0,8	a) 12,2.12,0.14,8 b) f = 146 c) 0,81	120 **97** 81
					1901.					
51	2/2335	l = 25,0 b = 12,0 h = 6,5	4,022	3,971	—	—	—	—	a) 12,1.12,0.14,5 b) f = 145 c) 0,83	303 **288** 261
52	2/2343	l = 25,0 b = 12,0 h = 7,0	3,838	3,601	—	—	a) 14,4	—	a) 12,0.12,0.15,0 b) f = 144 c) 0,80	205 **179** 160
53	2/2347	l = 18,0 b = 9,0 h = 4,0	1,288	—	—	—	—	—	a) 8,7.9,0.9,1 b) f = 78 c) 0,93	280 **258** 233
54	Rheiner Sandsteinwerke, G. m. b. H., Rheine i. W.	l = 25,0 b = 12,0 h = 6,5	3,423 *3,844*	3,340 *3,857*	r = 1,792 s = 2,553 $\mathfrak{d}$ = 0,702 $\mathfrak{u}$ = 0,298	1,864	*9,0* a) 14,5 b) 25,9	0,9	a) 12,2.12,0.14,9 b) f = 146 c) 0,81	168 **134** 119
55	2/2412	l = 25,0 b = 12,0 h = 6,5	3,453 *3,876*	3,332 *3,879*	—	—	—	—	a) 12,1.12,0.15,3 b) f = 145 c) 0,78	119 **107** 98
56	Hartziegelwerk Bramsche, G. m. b. H., Bramsche	l = 24,5 b = 12,0 h = 6,5	3,399	3,257	—	—	—	—	a) 12,1.12,0.14,2 b) f = 145 c) 0,85	206 **173** 125
57	2/2457	l = 25,0 b = 12,0 h = 6,5	3,865 *4,054*	3,660 *4,058*	r = 1,931 s = 2,532 $\mathfrak{d}$ = 0,763 $\mathfrak{u}$ = 0,237	1,896	a) 10,6 b) 20,1	0,8	a) 12,1.12,0.15,0 b) f = 145 c) 0,80	179 **125** 88
58	A. Lindemann, Jauer i. Schles.	l = 25,0 b = 12,0 h = 6,5	3 743 *4,087*	3,612 *4,124*	r = 1,932 s = 2,548 $\mathfrak{d}$ = 0,758 $\mathfrak{u}$ = 0,242	1,870	*11,1* a) 13,2 b) 25,4	1,0	a) 12,2.12,0.15,0 b) f = 146 c) 0,80	181 **162** 140
59	Derselbe	l = 25,0 b = 12,0 h = 6,5	3,591 *3,964*	3,509 *4,004*	r = 1,876 s = 2,559 $\mathfrak{d}$ = 0,733 $\mathfrak{u}$ = 0,267	1,870	*12,1* a) 14,1 b) 26,4	1,0	a) 12,1.12,0.15,0 b) f = 145 c) 0,80	129 **118** 89

12	13	14	15									
keit			Angaben des Antragstellers									
wasser-satt kg/qcm	nach 25-maligem Gefrieren kg/qcm	Gehalt an löslicher Kieselsäure %	Herstellungs-verfahren	Art der Rohstoffe (Kalk und Sand), Art der Aufbereitung. Art des Löschens des Kalkes	Art des Mischens der Rohstoffe	Wie und wie lange lagert das Gemisch und welche Wärme hat es?	Art der Steinpresse	Dauer der Lagerung der Preßlinge vor dem Einbringen an die Härtestelle	Dauer der Lagerung im Kessel und Höhe der Dampfspannung Atm.	Art der Behandlung nach der Entnahme aus dem Kessel	Verwendungs-zweck
123 **86** 71	97 **73** 55	—	—	—	—	—	—	—	—	—	—
1901.												
—	—	—	—	—	—	—	—	—	—	—	—
178 **157** 136	171 **146** 131	—	—	—	—	—	—	—	—	—	—
—	—	—	—	—	—	—	—	—	—	—	—
148 **124** 100	149 **123** 101	—	—	—	—	—	—	—	—	—	—
—	83 **75** 63	—	—	—	—	—	—	—	—	—	—
—	—	—	—	—	—	—	—	—	—	—	—
141 **107** 82	144 **90** 65	3,46	—	—	—	—	—	—	—	—	—
160 **143** 123	171 **148** 128	—	Härte-verfahren mit Dampf (Brück, Kretschel & Co. zu Osnabrück).	Schlesischer Ringofenkalk, im Steinbrecher gebrochen u. in der Kugelmühle grob gemahlen Sand. fein u. grob; ungesiebt, ungeschlämmt, ungetrocknet.	1800 l Kalkpulver, 220 kg Sand in Mischmaschinen 25 Min. gemischt.	Nicht gelagert; 80° C.	Brücksche Pressen.	14 Wagen à 900 Steine werden sofort in die 16 m langen Erhärtungskessel geschoben.	14 Std. unter 9 Atm.	Nach 5—6 Tagen verwendet.	Zu Maurerarbeiten.
128 **108** 79	119 **107** 86	—									

Tabelle 2 (Fortsetzung).

1	2	3	4	5	6	7	8	9	10	11
Lfd. Nr.	Antragsteller; Herkunft der Steine.	Abmessungen der Steine Länge, Breite, Höhe in cm	Mittleres Gewicht der Steine im Anlieferungs- (lufttrockenen) Zustande kg	trockenen Zustande G kg	Raumgewicht r, Spezifisches Gewicht s, $\mathfrak{d} = \frac{r}{s}$ $\mathfrak{u} = 1 - \mathfrak{d}$	Rauminhalt der Steine $J = \frac{G}{r}$ l	Wasseraufnahme a) Gewichtsprozent W_g b) Raumprozent $W_r = \frac{r \cdot (G_1 - G) \cdot 100}{G}$ %	Grad der Porenfüllung $u_w = \frac{W_r}{u \cdot 100}$	Druckfestig- a) Abmessungen der Versuchsstücke in qcm b) Gedrückte Fläche f in qcm c) $\frac{\sqrt{f}}{h}$	trocken kg/qcm
60	A. Lindemann, Jauer i. Schles.	l = 25,0 b = 12,0 h = 6,5	3,705 *4,043*	3,592 *4,063*	r = 1,820 s = 2,566 𝔡 = 0,709 𝔲 = 0,291	1,974	*11,6* a) 13,3 b) 24,1	0,8	a) 12,1 . 12,0 . 15,0 b) f = 145 c) 0,80	126 **117** 100
61	2/2507	l = 29,0 b = 14,0 h = 7,0	5,084 *5,576*	4,930 *5,605*	r = 1,866 s = 2,511 𝔡 = 0,743 𝔲 = 0,257	2,642	*11,4* a) 13,4 b) 25,0	1,0	a) 14,2 . 14,0 . 15,5 b) f = 199 c) 0,90	150 **120** 46
62	2/2520	l = 25,0 b = 12,0 h = 6,5	3,429 *3,848*	3,324 *3,873*	r = 1,893 s = 2,553 𝔡 = 0,741 𝔲 = 0,259	1,756	*14,9* a) 16,2 b) 30,5	1,2	a) 12,0 . 12,0 . 15,0 b) f = 144 c) 0,80	117 **81** 56
63	Hartziegelwerk Leschwitz, Schneider & Co., Leschwitz-Görlitz	l = 25,0 b = 12,0 h = 6,5	3,855	3,755	—	—	—	—	a) 12,1 . 12,0 . 15,0 b) f = 145 c) 0,80	198 **184** 174
64	Dasselbe	l = 24,6 b = 11,6 h = 6,6	3,957	3,916	—	—	—	—	a) 12,0 . 11,6 . 15,0 b) f = 139 c) 0,73	248 **219** 163
65	2/2541	l = 25,0 b = 12,0 h = 6,5	3,846 *4,177*	3,767 *4,186*	r = 1,899 s = 2,581 𝔡 = 0,736 𝔲 = 0,264	1,983	*8,0* a) 10,9 b) 20,8	0,8	a) 12,2 . 12,0 . 15,0 b) f = 146 c) 0,80	147 **126** 113
66	2/2557 a (Kieler Format)	l = 23,0 b = 11,0 h = 5,5	2,532 *2,799*	2,453 *2,800*	r = 1,841 s = 2,575 𝔡 = 0,715 𝔲 = 0,285	1,332	*13,5* a) 14,5 b) 26,6	0,9	a) 11,1 . 10,8 . 12,7 b) f = 120 c) 0,79	158 **138** 118
67	2/2557 b	l = 25,0 b = 12,0 h = 6,5	3,504 *4,031*	3,428 *4,033*	r = 1,743 s = 2,529 𝔡 = 0,689 𝔲 = 0,311	1,967	*14,6* a) 15,9 b) 27,6	0,9	a) 12,1 . 12,0 . 15,5 b) f = 145 c) 0,77	135 **109** 90
68	2/2576	l = 25,0 b = 12,0 h = 6,5	—	—	—	—	—	—	a) 12,1 . 12,0 . 15,0 b) f = 145 c) 0,80	81 **68** 52

12	13	14	15								
keit			Angaben des Antragstellers								
wassersatt kg/qcm	nach 25-maligem Gefrieren kg/qcm	Gehalt an löslicher Kieselsäure %	Herstellungsverfahren	Art der Rohstoffe (Kalk und Sand), Art der Aufbereitung. Art des Löschens des Kalkes	Art des Mischens der Rohstoffe	Wie und wie lange lagert das Gemisch und welche Wärme hat es?	Art der Steinpresse	Dauer der Lagerung der Preßlinge vor dem Einbringen an die Härtestelle	Dauer der Lagerung im Kessel und Höhe der Dampfspannung Atm.	Art der Behandlung nach der Entnahme aus dem Kessel	Verwendungszweck
113 **97** 78	117 **100** 86	—									
124 **100** 35	118 **97** 30	—	—	—	—	—	—	—	—	—	—
93 **65** 42	102 **75** 56	5,48	—	—	—	—	—	—	—	—	—
—	—	—	Eigenes Verfahren.	Kauffunger Marmorkalk, in Kästen zu Pulver abgelöscht; Grubensand mittlerer Korngröße, gesiebt, sonst im Gewinnungszustand; tonige Teile nicht vorhanden.	Kollergang	Nicht gelagert. Luftwärme.	Dampfkniehebelpresse Bernhardi Nr. 14.	Sofort in die Kessel gefüllt und gedämpft.	12 Std. unter 7 Atm.	Teils sofort verwendet, teils gelagert, je nach Bedarf.	Zu Bauten aller Art.
—	—	—									
173 **154** 136	150 **133** 116	9,44	—	—	—	—	—	—	—	—	—
146 **121** 88	142 **113** 100	—	—	—	—	—	—	—	—	—	—
118 **93** 63	128 **102** 75	—	—	—	—	—	—	—	—	—	—
—	—	—	—	—	—	—	—	—	—	—	—

Tabelle 2 (Fortsetzung).

1	2	3	4	5	6	7	8	9	10	11
Lfd. Nr.	Antragsteller; Herkunft der Steine.	Abmessungen der Steine Länge, Breite, Höhe in cm	Mittleres Gewicht der Steine im Anlieferungs- (lufttrockenen) Zustande kg	trockenen Zustande G kg	Raumgewicht r, Spezifisches Gewicht s $b = \frac{r}{s}$ $u = 1 - b$	Rauminhalt der Steine $J = \frac{G}{r}$ l	Wasseraufnahme a) Gewichtsprozent W_g b) Raumprozent $W_r = \frac{r \cdot (G_1 - G) \cdot 100}{G}$ %	Grad der Porenfüllung $u_w = \frac{W_r}{u \cdot 100}$	Druckfestigkeit a) Abmessungen der Versuchsstücke in cm b) Gedrückte Fläche f in qcm c) $\frac{\sqrt{f}}{h}$	trocken kg/qcm
69	H. Böttcher, Egeln (Bez. Magdeburg)	l = 25,0 b = 12,0 h = 6,5	3,657 *3,953*	3,524 *3,959*	r = 1,937 s = 2,550 b = 0,759 u = 0,241	1,819	*8,8* a) 12,6 b) 24,3	1,0	a) 12,1.12,1.14,5 b) f = 146 c) 0,83	197 **165** 138
70	2/2662	l = 25,0 b = 12,0 h = 6,5	—	—	—	—	—	—	b) 12,1.12,0.15,0 b) f = 145 c) 0,80	112 **90** 57
71	Steenfabrik Kranenburg den Haag (Holland), Antw. Amandus Kahl, Hamburg	l = 22,0 b = 11,0 h = 5,5	2,276 *2,533*	2,195 *2,546*	r = 1,749 s = 2,464 b = 0,710 u = 0,290	1,255	*14,4* a) 15,5 b) 27,1	0,9	a) 10,7.11,0,12,8 b) f = 118 c) 0,78	204 **185** 158
72	2/2724 a	l = 25,0 b = 12,0 h = 6,5	3,497 *4,050*	3 394 *4,051*	r = 1,719 s = 2,570 b = 0,669 u = 0,331	1,974	*16,8* a) 18,5 b) 31,7	1,0	a) 12,0.12,0.15,5 b) f = 144 c) 0,77	170 **142** 124
73	2/2724 b	l = 25,0 b = 12,0 h = 6,5	3,500 *4,009*	3,413 *4,010*	r = 1,712 s = 2,542 b = 0,673 u = 0,327	1,994	*15,7* a) 17,4 b) 29,8	0,9	a) 12,0.12,0.15,5 b) f = 144 c) 0,77	117 **85** 70
74	2/2859 a	l = 25,0 b = 12,0 h = 6,5	3,461	3,344	—	—	—	—	a) 12,1.12,0.15,2 b) f = 145 c) 0,79	226 **179** 150
75	2/2862	l = 25,0 b = 12,0 h = 6,5	3,770 *4,072*	3,714 *4,084*	—	—	*8,3* a) 10,2	—	a) 12,1.12,0.14,8 b) f = 145 c) 0,81	130 **108** 61
76	2/2878	l = 25,0 b = 12,0 h = 6,5	3,600 *3,968*	3,498 *3,992*	r = 1,833 s = 2,584 b = 0,709 u = 0,291	1,908	*11,8* a) 13,3 b) 24,3	0,8	a) 12,1.12,0.15,0 b) f = 145 c) 0,80	190 **179** 172

12	13	14	15									
keit		Gehalt an löslicher Kieselsäure	Angaben des Antragstellers									
wassersatt	nach 25-maligem Gefrieren		Herstellungsverfahren	Art der Rohstoffe (Kalk und Sand), Art der Aufbereitung. Art des Löschens des Kalkes	Art des Mischens der Rohstoffe	Wie und wie lange lagert das Gemisch und welche Wärme hat es?	Art der Steinpresse	Dauer der Lagerung der Preßlinge vor dem Einbringen an die Härtestelle	Dauer der Lagerung im Kessel und Höhe der Dampfspannung	Art der Behandlung nach der Entnahme aus dem Kessel	Verwendungszweck
kg/qcm	kg/qcm	%							Atm.		
170 **146** 114	164 **130** 91	—	Hochdruckverfahren.	Stückkalk aus Bome im Kammerfeuer gebrannt, in einer Trommel zu Pulver gelöscht. Moränensand von feinem bis grob Korn unter Zusatz von ganz geringen Mengen Lehm.	Raumteile, von Hand gemischt; Mischgut wird durch ein Trommelsieb geschickt, um Kieselsteine u. ungelöschte Kalksteinstücke von über 10 mm D. zurückzuhalten; Kollergang.	Nicht gelagert; handwarm.	Stempelpresse mit Kniehebeldruck von der Maschinenfabrik Pigler, A.-G. zu Meiderich (Rheinland).	Sofort in die Kessel.	10—11 Std.; u zwar 8 Std. unter 8 Atm.	—	Zu Bauten aller Art.
—	—	—	—	—	—	—	—	—	—	—	—
199 **150** 99	179 **160** 148	7,05	Ätzkalkverfahren.	Kalk von Thonholte & Co. in Geseke i. W. zu Pulver gemahlen. Dünensand, sehr fein u. rein, im Gewinnungszustande verwendet.	Gew.-Tl. Differentialmischmaschine u. Kollergang von Am. Kahl. 3000 kg Leistung pro Stunde.	24 St. in Silos. Luftwärme.	Presse von Amandus Kahl, Hamburg.	Sofort nach dem Pressen in Härtekessel.	24 Std. im Kessel. 8 Std. unter 8 Atm.	Sogleich verwendet.	Für alle Zwecke.
136 **113** 86	133 **103** 60	9,12	—	—	—	—	—	—	—	—	—
89 **70** 61	81 **68** 52	7,01	—	—	—	—	—	—	—	—	—
193 **162** 130	—	—	—	—	—	—	—	—	—	—	—
120 **95** 70	107 **92** 52	—	—	—	—	—	—	—	—	—	—
160 **145** 110	150 **145** 140	—	—	—	—	—	—	—	—	—	—

Tabelle 2 (Fortsetzung).

1	2	3	4	5	6	7	8	9	10	11
			Mittleres Gewicht der Steine im						Druckfestig-	
Lfd. Nr.	Antragsteller; Herkunft der Steine.	Abmessungen der Steine Länge, Breite, Höhe in cm	Anlieferungs- (lufttrockenen) Zustande kg	trockenen Zustande G kg	Raumgewicht r, Spezifisches Gewicht s, $\mathfrak{b} = \frac{r}{s}$ $\mathfrak{u} = 1 - \mathfrak{b}$	Rauminhalt der Steine $J = \frac{G}{r}$ l	Wasseraufnahme a) Gewichtsprozent W_g b) Raumprozent $W_r = \frac{r.(G_1 - G).100}{G}$ %	Grad der Porenfüllung $\mathfrak{u}_w = \frac{W_r}{\mathfrak{u}.100}$	a) Abmessungen der Versuchsstücke in cm b) Gedrückte Fläche f in qcm c) $\frac{\sqrt{f}}{h}$	trocken kg/qcm
77	2/2895 a	l = 25,0 b = 12,0 h = 6,5	3,648	3,533	—	—	—	—	a) 12,1.12,0.14,5 b) f = 145 c) 0,83	143 **120** 96
78	2/2895 b	l = 25,0 b = 12,0 h = 6,5	3,297	3,253	—	—	—	—	a) 12,0.12,0.14,5 b) f = 144 c) 0,83	36 **32** 30
79	2/2908 a	l = 24,8 b = 11,8 h = 6,2	3,697	3,678	—	—	—	—	a) 12,0.11,8.14,3 b) f = 142 c) 0,77	190 **165** 142
80	2/2908 b	l = 24,8 b = 11,8 h = 6,2	3,596	3,582	—	—	—	—	a) 12,0.11,8.14,3 b) f = 142 c) 0,77	166 **99** 91
81	2/2931	l = 25,0 b = 12,0 h = 6,5	3,619	3,513	r = 1,820 s = 2,553 𝔟 = 0,713 𝔲 = 0,287	1,930	—	—	a) 12,0.12,0.15,0 b) f = 144 c) 0,80	186 **164** 146
82	Osnabrücker Hartsteinwerk, G. m. b. H., Ad. Fost, Osnabrück	l = 25,0 b = 12,0 h = 6,5	3,559 *3,956*	3,443 *3,922*	r = 1,796 s = 2,575 𝔟 = 0,697 𝔲 = 0,303	1,917	*11,9* a) 13,7 b) 24,5	0,8	a) 12,0.12,0.15,0 b) f = 144 c) 0,80	98 **90** 78
83	2/2949	l = 25,0 b = 12,0 h = 6,5	3,525	3,449	—	—	—	—	a) 12,1.12,0.15,0 b) f = 145 c) 0,80	118 **104** 89
84	Sandstein-Klinker-Werke Masselwitz, Eduard Bielschowsky, Breslau I.	l = 25,0 b = 12,0 h = 6,5	3,677 *4,073*	3,580 *4,079*	r = 1,733 s = 2,537 𝔟 = 0,683 𝔲 = 0,317	2,066	*13,1* a) 14,4 b) 24,9	0,8	a) 12,1.12,0.15,6 b) f = 145 c) 0,77	213 **160** 97
85	2/2993	l = 25,0 b = 12,0 h = 6,5	3,524 *3,912*	3,437 *3,905*	r = 1,775 s = 2,542 𝔟 = 0,698 𝔲 = 0,302	1,936	*11,8* a) 14,0 b) 24,7	0,8	a) 12,0.11,8.15,5 b) f = 142 c) 0,71	151 **129** 111

12	13	14	15								
keit			Angaben des Antragstellers								
wassersatt kg/qcm	nach 25-maligem Gefrieren kg/qcm	Gehalt an löslicher Kieselsäure %	Herstellungsverfahren	Art der Rohstoffe (Kalk und Sand), Art der Aufbereitung. Art des Löschens des Kalkes	Art des Mischens der Rohstoffe	Wie und wie lange lagert das Gemisch und welche Wärme hat es?	Art der Steinpresse	Dauer der Lagerung der Preßlinge vor dem Einbringen an die Härtestelle	Dauer der Lagerung im Kessel und Höhe der Dampfspannung Atm.	Art der Behandlung nach der Entnahme aus dem Kessel	Verwendungszweck
—	—	—	—	—	—	—	—	—	—	—	—
—	—	—	—	—	—	—	—	—	—	—	—
—	—	—	—	—	—	—	—	—	—	—	—
—	—	—	—	—	—	—	—	—	—	—	—
—	—	1,79	—	—	—	—	—	—	—	—	—
86 **74** 54	87 **71** 58	—	Siloverfahren.	Fettkalk von Osnabrück aus Schachtöfen; gemahlen. Grubensand verschiedener Korngröße, ungetrocknet, ungesiebt, ungeschlämmt.	Der gemahlene Kalk wird mit dem grubenfeuchten Sand unter Zuführung von Wasser u. Dampf gemischt. Das Gemisch wird ca. 12—20 Std. im Silo gelagert, dann nochmals gemischt u. hierauf sofort verpreßt.		Dorstener Stempelpresse, 1 Presse von Brück, Kretschel & Co.	Preßlinge werden auf Plateauwagen sofort nach Fertigstellung in die Härtekessel gebracht.	12 Std., davon 9 Std. unter 8 Atm.	Meist sofort verladen.	Als Hintermauerungssteine.
—	—	—	—	—	—	—	—	—	—	—	—
185 **137** 78	177 **114** 64	5,73	Schwarzsches Aufbereitungsverfahren.	Kauffunger Kalk, zu Pulver gemahlen; gelöscht in der Schwarzschen Aufbereitungsmaschine durch Wasser und Dampfmantel. Odersand, fein bis grobkörnig, teils gesiebt, ungetrocknet.	8 Tl. Kalk, 92 Tl. Sand in der Aufbereitungsmaschine durch 2 Mischflügel.	Nicht gelagert. Heiß, weil sofort nach Ent eeren der Mischmaschine verarbeitet.	Deutsche und englische Pressen.	Sofort in die Kessel.	10 Std unter 8 Atm. Druck.	Teils sofort verladen, teils gestapelt, je nach Bedarf.	Als Hintermauerungs-Klinker u. Verblender.
120 **100** 85	131 **101** 81	—	—	—	—	—	—	—	—	—	—

Tabelle 2 (Fortsetzung).

1	2	3	4	5	6	7	8	9	10	11
Lfd. Nr.	Antragsteller; Herkunft der Steine.	Abmessungen der Steine Länge, Breite, Höhe in cm	Mittleres Gewicht der Steine im Anlieferungs- (lufttrockenen) Zustande kg	Mittleres Gewicht der Steine im trockenen Zustande G kg	Raumgewicht r, Spezifisches Gewicht s, $\mathfrak{d} = \frac{r}{s}$ $\mathfrak{u} = 1 - \mathfrak{d}$	Rauminhalt der Steine $J = \frac{G}{r}$ l	Wasseraufnahme a) Gewichtsprozent W_g b) Raumprozent $W_r = \frac{r \cdot (G_1 - G) \cdot 100}{G}$ %	Grad der Porenfüllung $\mathfrak{u}_w = \frac{W_r}{\mathfrak{u} \cdot 100}$	Druckfestigkeit: a) Abmessungen der Versuchsstücke in cm b) Gedrückte Fläche f in qcm c) $\frac{\sqrt{f}}{h}$	Druckfestigkeit: trocken kg/qcm
86	2/3013	l = 23,1 b = 11,0 h = 5,3	2,474	—	—	—	—	—	a) 11,2.11,0.12,2 b) f = 123 c) 0,90	224 **190** 172
1902.										
87	2/3028	l = 25,0 b = 12,0 h = 6,5	3,425 *3,817*	3,279 *3,818*	r = 1,681 s = 2,485 $\mathfrak{d}$ = 0,676 $\mathfrak{u}$ = 0,324	1,951	*16,0* a) 17,7 b) 29,8	0,9	a) 12,1.12,0.15,5 b) f = 145 c) 0,77	144 **94** 60
88	2/3078	l = 25,0 b = 11,7 h = 6,5	3,507	3,331	—	—	*10,6* a) 14,1	—	a) 12,2.11,7.15,0 b) f = 143 c) 0,73	161 **130** 84
89	Emsländische Hartsteinfabrik, G. m. b. H., Haren (Ems)	l = 25,0 b = 12,0 h = 6,5	3,318 *3,705*	3,122 *3,728*	r = 1,598 s = 2,537 $\mathfrak{d}$ = 0,630 $\mathfrak{u}$ = 0,370	1,954	*15,4* a) 18,4 b) 29,3	0,8	a) 12,1.12,0.15,2 b) f = 154 c) 0,79	226 **179** 136
90	2/3111	l = 25,0 b = 12,0 h = 6,5	3,407 *3,847*	3,276 *3,848*	r = 1,646 s = 2,609 $\mathfrak{d}$ = 0,631 $\mathfrak{u}$ = 0,369	1,990	*14,7* a) 18,4 b) 30,2	0,8	a) 12,1.12,0.15,0 b) f = 145 c) 0,80	116 **105** 91
91	2/3131 a	l = 25,0 b = 12,0 h = 6,5	3,785	—	—	—	—	—	a) 12,1.12,0.15,8 b) f = 145 c) 0,76	171 **80** 51
92	2/3131 b	l = 25,0 b = 12,0 h = 6,5	4,004	—	—	—	—	—	a) 12,1.12,0.15,8 b) f = 145 c) 0,76	149 **113** 72
93	Sandstein-Klinker-Werke Masselwitz, Eduard Bielschowsky, Breslau I	l = 25,0 b = 12,0 h = 6,5	3,889 *4,167*	3,717 *4,177*	—	—	*9,0* a) 11,9	—	a) 12,1.12,0.15,0 b) f = 145 c) 0,80	183 **163** 132
94	Hartziegelwerk Goldberg, G. m. b. H., Goldberg i. M.	l = 24,8 b = 11,8 h = 6,5	3,281 *8,678*	3,105 *3,701*	r = 1,627 s = 2,548 $\mathfrak{d}$ = 0,639 $\mathfrak{u}$ = 0,361	—	*16,9* a) 19,6 b) 31,6	0,9	a) 12,0.11,8.15,3 b) f = 142 c) 0,72	142 **114** 100

12	13	14	15								
keit		Gehalt an löslicher Kieselsäure	Angaben des Antragstellers								
wassersatt kg/qcm	nach 25-maligem Gefrieren kg/qcm	%	Herstellungsverfahren	Art der Rohstoffe (Kalk und Sand), Art der Aufbereitung. Art des Löschens des Kalkes	Art des Mischens der Rohstoffe	Wie und wie lange lagert das Gemisch und welche Wärme hat es?	Art der Steinpresse	Dauer der Lagerung der Preßlinge vor dem Einbringen an die Härtestelle	Dauer der Lagerung im Kessel und Höhe der Dampfspannung Atm.	Art der Behandlung nach der Entnahme aus dem Kessel	Verwendungszweck
—	—	—	—	—	—	—	—	—	—	—	—

1902.

12	13	14	Herstellungsverfahren	Art der Rohstoffe	Art des Mischens	Lagerung des Gemisches	Art der Steinpresse	Dauer der Lagerung der Preßlinge	Dauer der Lagerung im Kessel, Atm.	Behandlung nach der Entnahme	Verwendungszweck
93 **78** 54	117 **71** 45	6,72	—	—	—	—	—	—	—	—	—
151 **119** 89	—	—	—	—	—	—	—	—	—	—	—
198 **155** 99	196 **160** 118	—	Verfahren Olschewsky.	Ringofenkalk vom Kalkwerk Sandfort bei Osnabrück, zu Pulver gelöscht in Kalklöschtrommel. Dünensand, rein, feinkörnig, ungesiebt, ungetrocknet u. ungeschlämmt. 96% Kieselsäure.	Raumteile; in Mischtrögen.	Nicht gelagert; Luftwärme.	1 Presse von Bernhardi, 1 Presse von Brück, Kretschel & Co. zu Osnabrück.	Sofort nach dem Pressen in den Härtekessel.	10 Std. unter 8 Atm. Druck.	Meist sofort verladen.	Zu Außen- u. Innenmauerung; zu Hoch- u. Kellerbauten.
104 **92** 82	100 **89** 75	—	—	—	—	—	—	—	—	—	—
—	—	—	—	—	—	—	—	—	—	—	—
—	—	—	—	—	—	—	—	—	—	—	—
210 **153** 112	174 **143** 108	—	—	—	—	—	—	—	—	—	—
130 **108** 81	127 **101** 70	—	Verfahren Olschewsky.	Steinkalk aus Förderstedt, in Löschtrommel zu Kalkpulver abgelöscht. Mittelkörniger Sand im Gewinnungszustande.	Raumteile; Kollergang.	Nicht gelagert; Luftwärme.	Automatische Presse von Bernhardi-Eilenburg.	5—6 Std. auf den Wagen in den offenen Härtekesseln.	8—10 Std. unter 8 Atm.	Gelagert.	Zu allen Bauwerken.

Tabelle 2 (Fortsetzung).

1	2	3	4	5	6	7	8	9	10	11
Lfd. Nr.	Antragsteller; Herkunft der Steine.	Abmessungen der Steine Länge, Breite, Höhe in cm	Mittleres Gewicht der Steine im Anlieferungs- (lufttrockenen) Zustande kg	trockenen Zustande G kg	Raumgewicht r, Spezifisches Gewicht s, $\mathfrak{d}=\frac{r}{s}$ $\mathfrak{u}=1-\mathfrak{d}$	Rauminhalt der Steine $J=\frac{G}{r}$ l	Wasseraufnahme a) Gewichtsprozent W_g b) Raumprozent $W_r=\frac{r.(G_1-G).100}{G}$ %	Grad der Porenfüllung $u_w=\frac{W_r}{\mathfrak{u}.100}$	Druckfestig- a) Abmessungen der Versuchsstücke in cm b) Gedrückte Fläche f in qcm c) $\frac{\sqrt{f}}{h}$	trocken kg/qcm
95	2/3344	l = 25,0 b = 12,0 h = 6,5	— *3,983*	3,556 *3,987*	—	—	—	—	a) 12,1.12,0.14,5 b) f = 145 c) 0,83	196 **170** 153
96	2/3383	l = 25,0 b = 12,0 h = 6,5	3,382 *3,840*	3,226 *3,845*	r = 1,649 s = 2,521 $\mathfrak{d}$ = 0,654 $\mathfrak{u}$ = 0,346	1,956	*14,5* a) 18,7 b) 30,7	0,9	a) 12,2.12,0.15,1 b) f = 146 c) 0,79	97 **88** 73
97	2/3414	l = 24,9 b = 11,8 h = 6,5	3,662 *3,983*	3,532 *3,944*	r = 1,857 s = 2,564 $\mathfrak{d}$ = 0,724 $\mathfrak{u}$ = 0,276	1,902	*11,2* a) 13,2 b) 24,3	0,9	a) 12,0.11,8.15,7 b) f = 142 c) 0,70	119 **110** 96
98	Niederrheinische Kalksandsteinfabrik, G. m. b. H., zu Kevelaer, Niederrhein	l = 24,0 b = 11,5 h = 6,5	3,203 *3,568*	3,165 *3,575*	—	—	*11,3* a) 13,3	—	a) 11,7.11,5.14,7 b) f = 135 c) 0,75	192 **144** **62**
99	2/3468	l = 25,3 b = 11,5 h = 6,6	3,395 *3,823*	3,310 *3,832*	r = 1,732 s = 2,575 $\mathfrak{d}$ = 0,673 $\mathfrak{u}$ = 0,327	1,911	*13,3* a) 15,2 b) 26,4	0,8	a) 12,3.11,5.15,2 b) f = 141 c) 0,72	117 **96** 83
100	2/3506	l = 25,0 b = 12,0 h = 6,5	3,544 *3,892*	3,449 *3,897*	r = 1,829 s = 2,615 $\mathfrak{d}$ = 0,699 $\mathfrak{u}$ = 0,301	1,886	*11,8* a) 12,5 b) 22,9	0,8	a) 12,1.12,0.15,3 b) f = 145 c) 0,78	158 **115** 81
101	2/3525	l = 25,0 b = 12,0 h = 6,5	3,581 *3,952*	3,486 *3,979*	r = 1,803 s = 2,615 $\mathfrak{d}$ = 0,689 $\mathfrak{u}$ = 0,311	1,933	*12,4* a) 13,2 b) 23,8	0,8	a) 12,1.12,0.14,5 b) f = 145 c) 0,83	133 **120** 99
102	2/3544	l = 25,0 b = 12,0 h = 6,5	3,473	3,369	—	—	—	—	a) 12,2.12,0.15,1 b) f = 146 c) 0,79	124 **111** 93
103	2/3578	l = 25,0 b = 12,0 h = 6,5	3,492 *3,815*	3,365 *3,829*	r = 1,837 s = 2,615 $\mathfrak{d}$ = 0,702 $\mathfrak{u}$ = 0,298	1,832	*12,0* a) 12,7 b) 23,4	—	a) 12,2.12,0.14,5 b) f = 146 c) 0,83	141 **119** 88

12	13	14	15								
keit			Angaben des Antragstellers								
wasser-satt kg/qcm	nach 25-maligem Gefrieren kg/qcm	Gehalt an löslicher Kieselsäure %	Herstellungsverfahren	Art der Rohstoffe (Kalk und Sand), Art der Aufbereitung, Art des Löschens des Kalkes	Art des Mischens der Rohstoffe	Wie und wie lange lagert das Gemisch und welche Wärme hat es?	Art der Steinpresse	Dauer der Lagerung der Preßlinge vor dem Einbringen an die Härtestelle	Dauer der Lagerung im Kessel und Höhe der Dampfspannung Atm.	Art der Behandlung nach der Entnahme aus dem Kessel	Verwendungszweck
216 **181** 146	266 **191** 149	—	—	—	—	—	—	—	—	—	—
103 **84** 67	88 **83** 75	—	—	—	—	—	—	—	—	—	—
104 **90** 71	86 **78** 61	—	—	—	—	—	—	—	—	—	—
165 **109** 58	171 **112** 61	—	Hochdruckverfahren.	Dornaper Kalk der Rhein-Westf. Kalkwerke, zu Kalkpulver abgelöscht. Sand aus der Gegend, feinkörnig, im Gewinnungszustand (ziemlich trocken) verwendet.	Raumteile; Mischmaschine u. Kollergang.	Nicht gelagert.	Presse Bernhardi-Eilenburg.	Sofort in die Kessel.	12 Std. unter 8 Atm.	Teils sofort verwendet, teils gelagert, je nach Absatz.	Zu Hochbauten (innen u. außen), Kellern, Brunnen, kleineren Brücken, Kesselausmauerung.
127 **83** 63	106 **85** 72	—	—	—	—	—	—	—	—	—	—
146 **100** 75	157 **124** 92	—	—	—	—	—	—	—	—	—	—
121 **107** 98	110 **99** 86	—	—	—	—	—	—	—	—	—	—
—	—	—	—	—	—	—	—	—	—	—	—
118 **105** 84	127 **105** 86	—	—	—	—	—	—	—	—	—	—

Tabelle 2 (Fortsetzung).

1	2	3	4	5	6	7	8	9	10	11
Lfd. Nr.	Antragsteller; Herkunft der Steine.	Abmessungen der Steine Länge, Breite, Höhe in cm	Mittleres Gewicht der Steine im Anlieferungs- (lufttrockenen) Zustande kg	Mittleres Gewicht der Steine im trockenen Zustande G kg	Raumgewicht r, Spezifisches Gewicht s, $\mathfrak{d} = \frac{r}{s}$ $\mathfrak{u} = 1 - \mathfrak{d}$	Rauminhalt der Steine $J = \frac{G}{r}$ l	Wasseraufnahme a) Gewichtsprozent W_g b) Raumprozent $W_r = \frac{r.(G_1 - G).100}{G}$ %	Grad der Porenfüllung $u_w = \frac{W_r}{\mathfrak{u}.100}$	Druckfestig- a) Abmessungen der Versuchsstücke in cm b) Gedrückte Fläche f in qcm c) $\frac{\sqrt{f}}{h}$	trocken kg/qcm
104	2/3624	l = 25,0 b = 12,0 h = 6,5	3,735	3,722	—	—	—	—	a) 12,1.12,0.14,6 b) f = 145 c) 0,82	156 **140** 96
105	2/3713	l = 25,0 b = 12,0 h = 6,5	3,651 *4,064*	3,535 *4,067*	r = 1,753 s = 2,575 $\mathfrak{d}$ = 0,681 $\mathfrak{u}$ = 0,319	2,017	*12,3* a) 14,4 b) 25,3	0,8	a) 12,1.12,0.15,2 b) f = 145 c) 0,79	166 **140** 107
106	2/3736	l = 25,0 b = 12,0 h = 6,5	3,524 *3,906*	3,379 *3,924*	r = 1,724 s = 2,592 $\mathfrak{d}$ = 0,665 $\mathfrak{u}$ = 0,335	1,960	*14,5* a) 15,6 b) 26,9	0,8	a) 12,2.12,0.15,4 b) f = 146 c) 0,78	134 **116** 91
1903.										
107	2/3781	l = 25,0 b = 12,0 h = 6,5	3,450	3,287	—	—	—	—	a) 12,1.12,0.14,9 b) f = 145 c) 0,81	111 **86** 69
108	2/3857	l = 25,2 b = 12,1 h = 6,7	3,611	—	—	—	—	—	a) 12,3.12,1.15,0 b) f = 149 c) 0,80	166 **151** 140
109	Kieler Hartsteinwerk, Struve & Co., Kiel	l = 23,0 b = 11,0 h = 6,7	3,145 *3,402*	2,972 *3,403*	r = 1,768 s = 2,564 $\mathfrak{d}$ = 0,686 $\mathfrak{u}$ = 0,314	1,691	*13,3* a) 13,6	—	a) 11,1.11,0.15,0 b) f = 122 c) 0,73	214 **177** 140
110	P. Schulz, Steinsetzmeister, Gostyn (Posen)	l = 25,1 b = 12,1 h = 6,6	3,609 *3,987*	3,486 *4,008*	r = 1,888 s = 2,583 $\mathfrak{d}$ = 0,731 $\mathfrak{u}$ = 0,269	1,846	*11,7* a) 13,7 b) 25,8	1,0	a) 12,1.12,1.15,4 b) f = 146 c) 0,78	221 **164** 101

12	13	14	15									
keit		Gehalt an löslicher Kieselsäure	Angaben des Antragstellers									
wassersatt kg/qcm	nach 25-maligem Gefrieren kg/qcm	%	Herstellungsverfahren	Art der Rohstoffe (Kalk und Sand), Art der Aufbereitung. Art des Löschens des Kalkes	Art des Mischens der Rohstoffe	Wie und wie lange lagert das Gemisch und welche Wärme hat es?	Art der Steinpresse	Dauer der Lagerung der Preßlinge vor dem Einbringen an die Härtestelle	Dauer der Lagerung im Kessel und Höhe der Dampfspannung Atm.	Art der Behandlung nach der Entnahme aus dem Kessel	Verwendungszweck
—	—	—	—	—	—	—	—	—	—	—	—
146 **125** 90	136 **120** 87	5,58	—	—	—	—	—	—	—	—	—
134 **84** 52	126 **91** 57	—	—	—	—	—	—	—	—	—	—
1903.											
—	—	—	Verfahren Olschewsky.	Kalk im Schachtofen gebrannt; 96-98% CaO, in rotierender Trommel zu Kalkpulver gelöscht. Roter Sand, scharf, feinkörnig, gesiebt.	Gewichtstl. 10 Min. in drehender Trommel.	Nicht gelagert; Luftwärme.	Presse Bernhardi-Sohn.	1–2 Std.	8 Std. unter 7 Atm.	Teils sofort verwendet, teils gelagert.	Zu Wohnhäusern, Villen, Kesseleinmauerung, Schornsteinen usw.
—	—	—	—	—	—	—	—	—	—	—	—
168 **146** 112	182 **148** 121	—	Trommelverfahren.	Ringofenstückkalk aus Marienhagen (Hannover), in der Trommel zu Kalkpulver gelöscht. Grubensand, fein- u. grobkörnig, 2-3% Lehm, im Gewinnungszustand verwendet.	Raumteile, Mischmaschine u. Kollergang	Luftwärme	Revolverpressen.	Nicht gelagert.	8–9 Std. unter 8 Atm.	Meist sofort verwendet; 1/10 gelagert.	Zu Hoch- u. Tiefbauten, Schornsteinen, Einfriedigungsmauern usw.
174 **147** 98	162 **138** 109	5,72	Desgl.	Ober-Kauffunger Kalk, in der Trommel zu Kalkpulver abgelöscht Grubensand, gesiebt, sonst im Gewinnungszustand.	Raumteile, Elevator u. Kollergang.	Nicht gelagert. Luftwärme.	Presse von Amandus Kahl-Hamburg	2–3 Std. auf den Loren.	9–10 Std. unter 8 Atm.	Meist sofort verladen.	Zu Wohnhäusern u. sonstigen Bauzwecken.

Tabelle 2 (Fortsetzung).

1	2	3	4	5	6	7	8	9	10	11
Lfd. Nr.	Antragsteller; Herkunft der Steine.	Abmessungen der Steine Länge Breite Höhe } in cm	Mittleres Gewicht der Steine im Anlieferungs- (lufttrockenen) Zustande kg	trockenen Zustande G kg	Raumgewicht r, Spezifisches Gewicht s, $b = \frac{r}{s}$ $u = 1 - b$	Rauminhalt der Steine $J = \frac{G}{r}$ l	Wasseraufnahme a) Gewichtsprozent W_g b) Raumprozent $W_r = \frac{r.(G_1 - G).100}{G}$ %	Grad der Porenfüllung $u_w = \frac{W_r}{u.100}$	Druckfestig- a) Abmessungen der Versuchsstücke in cm b) Gedrückte Fläche in cm c) $\frac{\sqrt{f}}{h}$	trocken kg/qcm
111	2/3919	l = 25,1 b = 12,0 h = 6,5	3,300 *3,736*	3,243 *3,745*	r = 1,754 s = 2,564 b = 0,684 u = 0,316	1,849	*14,6* a) 15,5 b) 27,2	0,9	a) 12,1.12,0.14,7 b) f = 145 c) 0,82	151 **125** 110
112	Deutsches Hartziegelwerk, G. m. b. H., Breslau	l = 25,0 b = 11,9 h = 6,5	3,616 *3,935*	3,479 *3,943*	r = 1,814 s = 2,592 b = 0,703 u = 0,300	1,918	*7,9* a) 11,9 b) 21,6	0,7	a) 12,1.11,9.14,8 b) f = 144 c) 0,81	254 **228** 208
113	2/4094 a	l = 25,0 b = 12,0 h = 6,5	3,403 *3,735*	3,320 *3,746*	r = 1,824 s = 2,586 b = 0,705 u = 0,295	1,820	*10,9* a) 13,3 b) 24,2	0,8	a) 12,0.12,0.14,7 b) f = 144 c) 0,82	181 **156** 144
114	2/4100 a	l = 25,0 b = 12,0 h = 7,0	4,099	3,990	—	—	—	—	a) 12,0.12,0.16,0 b) f = 144 c) 0,75	72 **65** 50
115	2/4100 b	l = 25,0 b = 12,0 h = 7,0 mit Loch 3,5 × 16,5	3,142	3,131	—	—	—	—	a) 25,0.12,0.16,0 b) f = 300—58 = 242 c) 0,94	54 **51** 49
116	2/4147	l = 25,0 b = 12,0 h = 6,5	3,426 *3,897*	3,279 *3,901*	r = 1,721 s = 2,575 b = 0,668 u = 0,332	1,905	*14,1* a) 18,3 b) 31,5	0,9	a) 12,1.12,0.15,0 b) f = 145 c) 0,80	180 **140** 93
117a	Masurische Kalksandsteinwerke, e. G. m. b. H., Johannisburg (Ostpr.)	l = 25,1 b = 12,1 h = 6,6	3,665 *4,134*	3,564 *4,102*	r = 1,774 s = 2,564 b = 0,692 u = 0,308	2,009	*13,6* a) 15,5 b) 27,5	0,9	a) 12,1.12,1.14,8 b) f = 146 c) 0,81	158 **137** 114
117b	Derselbe	l = 25,0 b = 12,2 h = 6,4	3,443 *3,886*	3,392 *3,894*	r = 1,846 s = 2,500 b = 0,738 u = 0,262	1,837	*12,5* a) 13,2 b) 24,4	0,9	a) 12,1.12,2.14,4 b) f = 148 c) 0,83	264 **232** 200

12	13	14	15								
keit			Angaben des Antragstellers								
wassersatt kg/qcm	nach 25-maligem Gefrieren kg/qcm	Gehalt an löslicher Kieselsäure %	Herstellungsverfahren	Art der Rohstoffe (Kalk und Sand), Art der Aufbereitung. Art des Löschens des Kalkes	Art des Mischens der Rohstoffe	Wie und wie lange lagert das Gemisch und welche Wärme hat es?	Art der Steinpresse	Dauer der Lagerung der Preßlinge vor dem Einbringen an die Härtestelle	Dauer der Lagerung im Kessel und Höhe der Dampfspannung Atm.	Art der Behandlung nach der Entnahme aus dem Kessel	Verwendungszweck
150 **111** 78	145 **109** 88	6,07	—	—	—	—	—	—	—	—	—
198 **174** 118	204 **179** 152	6,51	Trommelverfahren.	Oberschlesischer Kalk, in der Trommel zu Pulver gelöscht. $^2/_3$ Odersand und $^1/_3$ Schachtsand. Sand: ungetrocknet, gesiebt, ungeschlämmt.	Raumteile, Lösch- u. Mischtrommel, Kollergang.	Nicht gelagert. Luftwärme.	Presse von Amandus Kahl-Hamburg.	Nicht gelagert.	10 Std. unter 8 Atm.	Gelagert oder auch sofort verwendet.	Zu allen Bauzwecken.
136 **126** 115	133 **119** 109	4,70	—	—	—	—	—	—	—	—	—
—	—	—	—	—	—	—	—	—	—	—	—
—	—	—	—	—	—	—	—	—	—	—	—
146 **115** 80	171 **115** 76	—	—	—	—	—	—	—	—	—	—
137 **122** 94	114 **93** 79	9,73	Hochdruckverfahren.	Marmor-Stückkalk aus den Marmorkalkwerken „Silesia" bei Kauffung. Ätzkalk in Kugelmühlen zu Pulver gemahlen; Grubensand, fein- u. grobkörnig, sehr rein; ungetrocknet u. ungeschlämmt; große Stücke werden ausgehalten.	2 Kipplowrys Sand u. 150 kg gemahlener Ätzkalk in der Aufbereitungsmaschine unter Zufuhr von Dampf u. Wasser gemischt; Dauer 20 Minuten.	Das Gemisch fällt aus der Aufbereitungsmaschine neben die Presse u. wird in etwa 30 Min. verarbeitet; 50–60° C.	Presse von Brück & Kretschel in Osnabrück.	Nicht gelagert.	12 Std. unter 8 Atm. und einige Stunden unter geringerem Dampfdruck.	Teils sofort verladen, teils gestapelt.	Zu allen Bauzwecken.
331 **229** 206	216 **176** 153	8,81									

Tabelle 2 (Fortsetzung).

1	2	3	4	5	6	7	8	9	10	11
Lfd. Nr.	Antragsteller; Herkunft der Steine.	Abmessungen der Steine Länge, Breite, Höhe in cm	Mittleres Gewicht der Steine im Anlieferungs- (lufttrockenen) Zustande kg	Mittleres Gewicht der Steine im trockenen Zustande G kg	Raumgewicht r, Spezifisches Gewicht s, $\mathfrak{d} = \frac{r}{s}$ $\mathfrak{u} = 1 - \mathfrak{d}$	Rauminhalt der Steine $J = \frac{G}{r}$ l	Wasseraufnahme a) Gewichtsprozent W_g b) Raumprozent $W_r = \frac{r.(G_1 - G).100}{G}$ %	Grad der Porenfüllung $u_w = \frac{W_r}{u.100}$	Druckfestig- a) Abmessungen der Versuchsstücke in cm b) Gedrückte Fläche f in qcm c) $\frac{\sqrt{f}}{h}$	trocken kg/qcm
118	Märkische Hartsteinfabrik, G. m. b. H., Königsberg i. Neumark.	l = 25,0 b = 11,9 h = 6,5	3,360 *3,771*	3,218 *3,790*	r = 1,727 s = 2,564 $\mathfrak{d}$ = 0,674 $\mathfrak{u}$ = 0,326	1,863	*15,0* a) 16,0 b) 27,6	0,8	a) 12,2.11,9.14,8 b) f = 145 c) 0,81	199 **172** 134
119	2/4206	l = 25,0 b = 11,8 h = 6,5	3,268	3,157	—	—	—	—	a) 12,1.11,8.15,2 b) f = 143 c) 0,72	136 **105** 78
120	Linnawer Hart-Dampfziegelwerke und Zementwarenfabrik, Friedrich Broszat, Linnawen bei Blindgallen	l = 25,0 b = 12,0 h = 6,5	3,866 *4,049*	3,606 *4,080*	r = 1,834 s = 2,542 $\mathfrak{d}$ = 0,721 $\mathfrak{u}$ = 0,299	1,966	*8,5* a) 12,5 b) 20,7	0,7	a) 12,1.12,0.14,7 b) f = 145 c) 0,82	272 **186** 118
121	Stolper Hartsteinwerke, F. W. Koepke, Stolp i. S.	l = 25,2 b = 12,1 h = 6,4	— *4,016*	3,613 *4,042*	—	*10,6* —	—	—	a) 12,2.12,1.15,0 b) f = 148 c) 0,80	209 **187** 151
122	2/4289	l = 25,0 b = 12,0 h = 6,5	3,637	3,553	—	—	—	—	a) 12,4.12,0.14,7 b) f = 149 c) 0,82	255 **231** 181
123	2/4300	l = 25,1 b = 12,1 h = 6,6	3,348 *3,820*	3,236 *3,864*	r = 1,564 s = 2,454 $\mathfrak{d}$ = 0,637 $\mathfrak{u}$ = 0,363	2,069	*17,1* a) 17,5 b) 27,4	0,8	a) 12,3.12,1.15,0 b) f = 149 c) 0,80	173 **148** 119
124	2/4308	l = 23,3 b = 10,9 h = 5,6	2,586	—	—	—	—	—	a) 23,3.10,9.5,6 b) f = 254 c) 2,68	262 **243** 216

12	13	14	15								
keit			Angaben des Antragstellers								
wassersatt kg/qcm	nach 25-maligem Gefrieren kg/qcm	Gehalt an löslicher Kieselsäure %	Herstellungsverfahren	Art der Rohstoffe (Kalk und Sand), Art der Aufbereitung. Art des Löschens des Kalkes	Art des Mischens der Rohstoffe	Wie und wie lange lagert das Gemisch und welche Wärme hat es?	Art der Steinpresse	Dauer der Lagerung der Preßlinge vor dem Einbringen an die Härtestelle	Dauer der Lagerung im Kessel und Höhe der Dampfspannung Atm.	Art der Behandlung nach der Entnahme aus dem Kessel	Verwendungszweck
167 **148** 126	165 **138** 104	8,37	Verfahren Komnick, Elbing.	Hansdorfer Stückkalk aus den Gogolin-Gorasdzer Kalk- und Zementwerken, zu Kalkpulver abgelöscht. Sand aus einem Berge der Gegend, scharf, feinkörnig, im Gewinnungszustand verarbeitet.	Raumteile 1 : 3. Kollergang.	Sofort verpreßt.	Dampfdruckstempelpresse der Elbinger Maschinenfabrik.	Preßlinge werden auf Rollwagen 9 Schichten hoch sofort in die Härtekessel gebracht.	10 Std. unter 8 Atm.	Teils sofort verladen, teils gelagert.	Zu Hoch- und Tiefbauten.
—	—	—	—	—	—	—	—	—	—	—	—
181 **155** 128	164 **144** 131	7,07	Verfahren Komnick, Elbing.	Gogolin-Gorasdzer Kalk, zu Kalkpulver gelöscht; gemahlener Ätzkalk nur bei nasser Witterung als Trockenmittel. Grubensand, scharf, Korngröße $^1/_2$—2 mm.	Raumteile; Mischmaschine u. Kollergang.	Sofort verarbeitet	Kniehebelpressen Komnick.	Nicht gelagert.	10 Std. unter 8 Atm.	Sofort verladen.	Zu allen Bauzwecken.
176 **158** 110	202 **183** 160	—	Hochdruckverfahren.	Handorfer Fettkalk, im Härtekessel zu Kalkpulver gelöscht; Grubensand, rein, mittelkörnig; ungetrocknet, gesiebt, ungeschlämmt.	Raumteile; Mischmaschine.	Sofort verpreßt. Luftwärme.	Herkulespresse Amandus Kahl-Hamburg.	Sofort in die Kessel gebracht.	8—10 Std. unter 8—10 Atm.	Teils sofort versandt, teils gelagert.	Zu allen Bauzwecken.
—	—	—	—	—	—	—	—	—	—	—	—
175 **137** 92	173 **136** 103	9,33	—	—	—	—	—	—	—	—	—
—	—	—	—	—	—	—	—	—	—	—	—

Tabelle 2 (Fortsetzung).

1	2	3	4	5	6	7	8	9	10	11
Lfd. Nr.	Antragsteller; Herkunft der Steine.	Abmessungen der Steine Länge, Breite, Höhe in cm	Mittleres Gewicht der Steine im anlieferungslufttrockenen Zustande kg	Mittleres Gewicht der Steine im trockenen Zustande G kg	Raumgewicht r, Spezifisches Gewicht s, $\mathfrak{d} = \frac{r}{s}$, $\mathfrak{u} = 1 - \mathfrak{d}$	Rauminhalt der Steine $J = \frac{G}{r}$ l	Wasseraufnahme a) Gewichtsprozent W_g b) Raumprozent $W_r = \frac{r \cdot (G_1 - G) \cdot 100}{G}$ %	Grad der Porenfüllung $\mathfrak{u}_{\mathfrak{w}} = \frac{W_r}{\mathfrak{u} \cdot 100}$	Druckfestig- a) Abmessungen der Versuchsstücke in cm b) Gedrückte Fläche f in qcm c) $\frac{\sqrt{f}}{h}$	trocken kg/qcm
125	2/4330	l = 25,0 b = 12,0 h = 6,5	3,585	3,471	—	—	—	—	a) 12,0.12,0.14,7 b) f = 144 c) 0,82	226 **188** 157
126	2/4354 a	l = 25,5 b = 12,5 h = 7,2	3,910	3,827	—	—	a) 17,9	—	a) 12,5.12,5.16,5 b) f = 156 c) 0,73	67 **67** 65
127	2/4354 b	l = 25,3 b = 12,3 h = 7,0	3,910	3,796	—	—	a) 15,8	—	a) 12,4.12,3.16,0 b) f = 153 c) 0,75	83 **81** 79
128	2/4382 b	l = 25,1 b = 12,0 h = 6,8	3,607 *4,022*	3,488 *4,027*	r = 1,771 s = 2,559 $\mathfrak{d}$ = 0,692 $\mathfrak{u}$ = 0,308	1,970	*11,9* a) 13,9 b) 24,6	0,8	a) 12,3.12,0.15,0 b) f = 148 c) 0,80	183 **140** 116
129	2/4390	l = 25,0 b = 11,9 h = 6,7	3,546	3,401	—	—	—	—	a) 12,2.11,9.14,5 b) f = 145 c) 0,83	119 **91** 79
130	2/4402	l = 25,5 b = 12,0 h = 6,7	3,954 *4,175*	3,731 *4,184*	r = 1,778 s = 2,500 $\mathfrak{d}$ = 0,711 $\mathfrak{u}$ = 0,289	2,093	*8,3* a) 11,6 b) 20,6	0,7	a) 12,4.12,0.15,0 b) f = 149 c) 0,80	305 **287** 264
131	2/4403	l = 25,4 b = 12,0 h = 6,7	3,810 *4,129*	3,638 *4,151*	—	—	—	—	a) 12,4.12,0.15,0 b) f = 149 c) 0,80	228 **205** 179
132	2/4406 b	l = 25,0 b = 11,8 h = 6,7	3,524 *3,942*	3,423 *3,947*	r = 1,749 s = 2,586 $\mathfrak{d}$ = 0,676 $\mathfrak{u}$ = 0,324	1,957	*13,1* a) 14,5 b) 25,2	0,8	a) 12,2.11,8.15,0 b) f = 144 c) 0,80	180 **150** 127
133	2/4410	l = 25,0 b = 12,0 h = 6,5	3,485 *3,829*	3,341 *3,832*	r = 1,776 s = 2,592 $\mathfrak{d}$ = 0,685 $\mathfrak{u}$ = 0,315	1,881	*10,1* a) 14,3 b) 22,4	0,7	a) 12,2.12,0.14,5 b) f = 146 c) 0,83	134 **123** 107
134	2/4445	l = 25,0 b = 12,1 h = 6,5	3,560	3,451	—	—	—	—	a) 12,1.12,1.14,5 b) f = 146 c) 0,83	197 **178** 151
					1904.					
135	2/4527 a	l = 24,9 b = 11,9 h = 6,7	3,461	3,396	r = 1,745 s = 2,592 $\mathfrak{d}$ = 0,673 $\mathfrak{u}$ = 0,327	1,946	*15,8* a) 16,8	—	a) 12,0.11,9.14,5 b) f = 143 c) 0,75	144 **131** 121

12	13	14	15									
keit			Angaben des Antragstellers									
wassersatt kg/qcm	nach 25-maligem Gefrieren kg/qcm	Gehalt an löslicher Kieselsäure %	Herstellungsverfahren	Art der Rohstoffe (Kalk und Sand), Art der Aufbereitung. Art des Löschens des Kalkes	Art des Mischens der Rohstoffe	Wie und wie lange lagert das Gemisch und welche Wärme hat es?	Art der Steinpresse	Dauer der Lagerung der Preßlinge vor dem Einbringen an die Härtestelle	Dauer der Lagerung im Kessel und Höhe der Dampfspannung Atm.	Art der Behandlung nach der Entnahme aus dem Kessel	Verwendungszweck
—	—	—	—	—	—	—	—	—	—	—	—
—	—	—	—	—	—	—	—	—	—	—	—
—	—	—	—	—	—	—	—	—	—	—	—
158 **128** 98	122 **98** 77	6,26	—	—	—	—	—	—	—	—	—
—	—	—	—	—	—	—	—	—	—	—	—
298 **257** 228	298 **276** 246	10,70	—	—	—	—	—	—	—	—	—
221 **183** 154	189 **155** 121	—	—	—	—	—	—	—	—	—	—
167 **130** 78	153 **130** 95	6,99	—	—	—	—	—	—	—	—	—
117 **105** 89	106 **87** 75	5,92	—	—	—	—	—	—	—	—	—
—	—	—	—	—	—	—	—	—	—	—	—

1904.

123 **108** 98	—	5,4	—	—	—	—	—	—	—	—	—

Tabelle 2 (Fortsetzung).

1	2	3	4	5	6	7	8	9	10	11
Lfd. Nr.	Antragsteller; Herkunft der Steine.	Abmessungen der Steine Länge, Breite, Höhe in cm	Mittleres Gewicht der Steine im Anlieferungs- (lufttrockenen) Zustande kg	trockenen Zustande G kg	Raumgewicht r, Spezifisches Gewicht s, $\mathfrak{d} = \frac{r}{s}$ $\mathfrak{u} = 1 - \mathfrak{d}$	Rauminhalt der Steine $J = \frac{G}{r}$ l	Wasseraufnahme a) Gewichtsprozent W_g b) Raumprozent $W_r = \frac{r \cdot (G_1 - G) \cdot 100}{G}$ %	Grad der Porenfüllung $\mathfrak{u}_w = \frac{W_r}{\mathfrak{u} \cdot 100}$	Druckfestig- a) Abmessungen der Versuchsstücke in cm b) Gedrückte Fläche f in qcm c) $\frac{\sqrt{f}}{h}$	trocken kg/qcm
136	2/4527 b	l = 24,9 b = 11,9 h = 6,7	3,461 *3,921*	3,396 *3,943*	r = 1,745 s = 2,592 𝔡 = 0,673 𝔲 = 0,327	1,946	*15,8* a) 16,8 b) 29,4	0,9	a) 12,0.11,9.16,5 b) f = 143 c) 0,67	144 **131** 121
137	Pillauer Hartsteinwerk, A. Czymmek, Königsberg i. Pr.	l = 25,0 b = 12,0 h = 6,5	3,467	3,361	—	—	—	—	a) 12,0.12,0.14,6 b) f = 144 c) 0,82	243 **173** 135
138	2/4569 a	l = 25,0 b = 12,0 h = 6,4	3,820 *4,107*	3,699 *4,110*	r = 1,935 s = 2,586 𝔡 = 0,748 𝔲 = 0,252	1,912	*10,9* a) 11,5 b) 22,2	0,9	a) 12,2.12,0.14,0 b) f = 146 c) 0,86	223 **182** 132
139	2/4586 a	l = 25,2 b = 12,0 h = 6,5	— *3,897*	3,257 *3,834*	—	—	—	—	a) 12,2.12,0.14,5 b) f = 146 c) 0,83	140 **119** 98
140	Peiner Hartziegelwerk, G. m. b. H., Peine	l = 25,1 b = 12,0 h = 6,5	3,394	3,307	—	—	*10,9* a) 14,6	—	a) 12,0.12,0.14,0 b) f = 144 c) 0,86	124 **107** 85
141	Pillauer Hartsteinwerk, M. A. Czymmek, Königsberg i. Pr.	l = 25,1 b = 12,1 h = 6,5	3,482 *3,852*	3,312 *3,875*	—	—	*10,1* a) 16,4	—	a) 12,1.12,1.14,6 b) f = 146 c) 0,82	188 **172** 158
142	2/4661	l = 25,0 b = 12,0 h = 6,7	3,525	3,403	—	—	—	—	a) 12,1.12,0.15,2 b) f = 145 c) 0,79	170 **130** 88

12	13	14	15								
keit			Angaben des Antragstellers								
wassersatt kg/qcm	nach 25-maligem Gefrieren kg/qcm	Gehalt an löslicher Kieselsäure %	Herstellungsverfahren	Art der Rohstoffe (Kalk und Sand), Art der Aufbereitung. Art des Löschens des Kalkes	Art des Mischens der Rohstoffe	Wie und wie lange lagert das Gemisch und welche Wärme hat es?	Art der Steinpresse	Dauer der Lagerung der Preßlinge vor dem Einbringen an die Härtestelle	Dauer der Lagerung im Kessel und Höhe der Dampfspannung Atm.	Art der Behandlung nach der Entnahme aus dem Kessel	Verwendungszweck
123 **108** 98	106 **101** 97	5,4	—	—	—	—	—	—	—	—	—
—	—	—	Eigenes Verfahren	Schwedischer oder Gogoliner Stückkalk, in Kästen zu Pulver gelöscht u. zum Nachlöschen u Trocknen in die Härtekessel gebracht; Sand aus einem Sandberg am frischen Haff, weiß, sehr feinkörnig, gesiebt, sonst im Gewinnungszustand verarbeitet.	Raumteile; Mischmaschine; Rührwerk über den Pressen.	Nicht gelagert. Luftwärme.	1 Komnicksche u. 1 Kahlsche Presse.	Preßlinge (etwa je 800 St.) auf Wagen in die Härtekessel gefahren.	8 Std. unter 8 Atm	Teils sofort verladen, teils gelagert.	Zu Hochbauten.
195 **155** 116	202 **169** 121	—	—	—	—	—	—	—	—	—	—
—	82 **74** 62	—	—	—	—	—	—	—	—	—	—
105 **84** 63	—	—	Eigenes Verfahren.	Graukalk, in Gruben zu Pulver gelöscht. Toniger Sand mit Kies gemischt, halb getrocknet; Gehalt an tonigen Stoffen 1—5%.	Raumteile; von Hand.	Sofort verarbeitet. 25—30° C.	Tiglersche Presse 4-stempelig.	Preßlinge werden sofort nach Fertigstellung eines Wagens in den Härtekessel geschoben.	9 Std. unter 7 Atm.	Teils sofort verladen, teils gelagert.	Zu sämtlichen Bauteilen.
152 **132** 110	139 **123** 106	—	Wie unter Nr. 120.								
—	—	—	—	—	—	—	—	—	—	—	—

Tabelle 2 (Fortsetzung).

1	2	3	4	5	6	7	8	9	10	11
Lfd. Nr.	Antragsteller; Herkunft der Steine.	Abmessungen der Steine Länge, Breite, Höhe in cm	Mittleres Gewicht der Steine im Anlieferungs- (lufttrockenen) Zustande kg	Mittleres Gewicht der Steine im trockenen Zustande G kg	Raumgewicht r, Spezifisches Gewicht s, $\mathfrak{d} = \frac{r}{s}$ $\mathfrak{u} = 1 - \mathfrak{d}$	Rauminhalt der Steine $J = \frac{G}{r}$ l	Wasseraufnahme a) Gewichtsprozent W_g b) Raumprozent $W_r = \frac{r \cdot (G_1 - G) \cdot 100}{G}$ %	Grad der Porenfüllung $u_w = \frac{W_r}{u \cdot 100}$	Druckfestigkeit: a) Abmessungen der Versuchsstücke in qcm b) Gedrückte Fläche f in qcm c) $\frac{\sqrt{f}}{h}$	Druckfestigkeit: trocken kg/qcm
143a	Osnabrücker Hartsteinwerke, G. m. b. H., Osnabrück	l = 24,9 b = 11,8 h = 6,6	3,442 *3,766*	3,363 *3,815*	r = 1,809 s = 2,553 $\mathfrak{d}$ = 0,709 $\mathfrak{u}$ = 0,291	1,859	*13,3* a) 14,4 b) 26,0	0,9	a) 12,0 . 11,8 . 14,7 b) f = 142 c) 0,75	153 **139** 123
143b	2/4699 b	l = 23,1 b = 11,1 h = 7,1	3,143 *3,519*	3,087 *3,566*	r = 1,752 s = 2,581 $\mathfrak{d}$ = 0,679 $\mathfrak{u}$ = 0,321	1,762	*12,1* a) 16,1	—	a) 11,1 . 11,1 . 15,5 b) f = 123 c) 0,71	145 **122** 100
144	2/4713 b	l = 25,1 b = 12,1 h = 6,7	3,622 *4,037*	3,461 *4,054*	r = 1,715 s = 2,542 $\mathfrak{d}$ = 0,675 $\mathfrak{u}$ = 0,325	2,018	*14,6* a) 16,8 b) 28,8	0,9	a) 12,1 . 12,1 . 14,5 b) f = 146 c) 0,83	185 **172** 166
145	Deutsche Hartsteinwerke, G. m. b. H., Berlin	l = 25,0 b = 11,8 h = 6,7	3,374 *3,787*	3,212 *3,815*	r = 1,701 s = 2,553 $\mathfrak{d}$ = 0,666 $\mathfrak{u}$ = 0,334	1,888	*15,8* a) 17,5 b) 29,6	0,9	a) 12,1 . 11,8 . 14,7 b) f = 143 c) 0,75	192 **179** 156
146	2/4729	l = 25,1 b = 12,2 h = 6,7	3,641	3,458	—	—	—	—	a) 12,1 . 12,1 . 14,7 b) f = 146 c) 0,82	142 136 132
147	2/4738	l = 25,1 b = 12,1 h = 6,5	3,574 *3,886*	3,486 *3,923*	r = 1,770 s = 2,564 $\mathfrak{d}$ = 0,690 $\mathfrak{u}$ = 0,310	1,969	*10,2* a) 13,5 b) 23,8	0,8	a) 12,1 . 12,1 . 14,6 b) f = 146 c) 0,82	180 **143** 106

12	13	14	15								
keit			Angaben des Antragstellers								
wasser-satt kg/qcm	nach 25-maligem Gefrieren kg/qcm	Gehalt an löslicher Kieselsäure %	Herstellungsverfahren	Art der Rohstoffe (Kalk und Sand), Art der Aufbereitung. Art des Löschens des Kalkes	Art des Mischens der Rohstoffe	Wie und wie lange lagert das Gemisch und welche Wärme hat es?	Art der Steinpresse	Dauer der Lagerung der Preßlinge vor dem Einbringen an die Härtestelle	Dauer der Lagerung im Kessel und Höhe der Dampfspannung Atm.	Art der Behandlung nach der Entnahme aus dem Kessel	Verwendungszweck
150 **124** 86	139 **118** 96	4,82	—	—	—	—	—	—	—	—	—
169 **128** 90	152 **126** 79	5,25	Silover-fahren	Lengericher schwach hydraulischer Kalk aus den Lengericher Portland-Zement- u. Kalkwerken in Lengerich i. Westf. Feiner Sand aus der Gegend; frei von tonigen Stoffen; im Gewinnungszustand verwendet.	Raumteile; Mischschnecken ohne Unterbrechung.	24 Std. 20—25° C.	Revolver-Presse.	Kammern sofort in die Härtekessel.	8 Std. unter 8 1/2 Atm.	Sofort verwendet.	Zu Hochbauten.
185 **157** 146	175 **156** 146	7,74	—	—	—	—	—	—	—	—	—
188 **164** 150	199 **172** 143	5,56	Hochdruck-dampf-verfahren	Rüdersdorfer Kalk zu Pulver vorgelöscht u. in Härtekesseln 9 Std nachgelöscht. Sand aus Woltersdorf b. Erkner, scharfer u. weicher Sand gemischt; frei von tonigen Stoffen; im Gewinnungszustand verwendet.	Raumteile; Schüttelsiebe u. Kollergang.	Lagert nicht.	Presse mit rotierendem Tisch.	Werden sofort nach dem Pressen in die Härtekessel gebracht.	9 Std. unter 8 Atm.	Sofort verladen.	Als Hintermauerungssteine u. Klinker.
—	—	—	—	—	—	—	—	—	—	—	—
137 **119** 89	130 **105** 70	6,4	—	—	—	—	—	—	—	—	—

Tabelle 2 (Fortsetzung).

1	2	3	4	5	6	7	8	9	10	11
Lfd. Nr.	Antragsteller; Herkunft der Steine.	Abmessungen der Steine Länge, Breite, Höhe in cm	Mittleres Gewicht der Steine im Anlieferungs- (lufttrockenen) Zustande kg	Mittleres Gewicht der Steine im trockenen Zustande G kg	Raumgewicht r, Spezifisches Gewicht s, $\mathfrak{d} = \frac{r}{s}$ $\mathfrak{u} = 1 - \mathfrak{d}$	Rauminhalt der Steine $J = \frac{G}{r}$ l	Wasseraufnahme a) Gewichtsprozent W_g b) Raumprozent $W_r = \frac{r \cdot (G_1 - G) \cdot 100}{G}$ %	Grad der Porenfüllung $\mathfrak{u}_w = \frac{W_r}{\mathfrak{u} \cdot 100}$	Druckfestig- a) Abmessungen der Versuchsstücke in cm b) Gedrückte Fläche f in qcm c) $\frac{\sqrt{f}}{h}$	trocken kg/qcm
148	Gatower Kalksandsteinfabrik, G. m. b. H., Spandau	l = 25,1 b = 11,8 h = 6,8	3,401	3,309	—	—	—	—	a) 12,0.11,7.14,9 b) f = 140 c) 0,74	207 **166** 121
149	2/4768	l = 24,9 b = 11,9 h = 6,7	3,849	—	—	—	—	—	a) 12,0.11,9.14,9 b) f = 143 c) 0,74	295 **280** 250
150	2/4795 b	l = 25,0 b = 11,9 h = 6,5	3,187 *3,650*	3,096 *3,650*	r = 1,633 s = 2,505 $\mathfrak{d}$ = 0,652 $\mathfrak{u}$ = 0,348	1,896	*19,8* a) 20,7 b) 33,8	1,0	a) 12,1.11,9.14,6 b) f = 144 c) 0,82	130 **115** 103
151	2/4833	l = 31,5 b = 15,0 h = 7,0	5,397	5,295	—	—	—	—	a) 15,4.15,9.15,1 b) f = 231 c) 0,99	104 **95** 80
152	H. F. Kistner, G. m. b. H., Lehe	l = 21,9 b = 10,4 h = 6,5	2,797 *2,954*	2,733 *2,969*	r = 1,853 s = 2,597 $\mathfrak{d}$ = 0,714 $\mathfrak{u}$ = 0,286	1,475	*10,1* a) 13,4 b) 24,7	0,9	a) 10,6.10,4.14,3 b) f = 110 c) 0,70	140 **123** 109
153	2/4856 b	l = 25,0 b = 12,0 h = 6,6	3,522 *3,949*	3,480 *3,978*	r = 1,821 s = 2,553 $\mathfrak{d}$ = 0,713 $\mathfrak{u}$ = 0,287	1,911	*13,4* a) 14,2 b) 25,9	0,9	a) 12,1.12,0.14,5 b) f = 145 c) 0,83	89 **78** 66
154	Hermann Scholz, Rixdorf	l = 24,8 b = 11,8 h = 6,4	3,456	3,324	—	—	*10,3* a) 15,1	—	a) 12,0.11,8.14,8 b) f = 142 c) 0,74	130 **105** 74

12	13	14	15								
keit			Angaben des Antragstellers								
wassersatt kg/qcm	nach 25-maligem Gefrieren kg/qcm	Gehalt an löslicher Kieselsäure %	Herstellungsverfahren	Art der Rohstoffe (Kalk und Sand), Art der Aufbereitung. Art des Löschens des Kalkes	Art des Mischens der Rohstoffe	Wie und wie lange lagert das Gemisch und welche Wärme hat es?	Art der Steinpresse	Dauer der Lagerung der Preßlinge vor dem Einbringen an die Härtestelle	Dauer der Lagerung im Kessel und Höhe der Dampfspannung Atm.	Art der Behandlung nach der Entnahme aus dem Kessel	Verwendungszweck
—	—	—	—	—	—	—	—	—	—	—	—
—	—	—	—	—	—	—	—	—	—	—	—
147 **124** 103	117 **104** 89	7,88	—	—	—	—	—	—	—	—	—
—	—	—	—	—	—	—	—	—	—	—	—
107 **88** 72	121 **106** 94	5,45	Verfahren Komnick Löschkasten, später Löschtrommel	Salzhemmendorfer Stückkalk von dem Verbande Hannoverscher Kalkwerke, im Härtekessel zu Pulver gelöscht. Flußsand aus der Weser, vermischt mit Grubensand, staubfein, etwas lehmhaltig, gesiebt.	Raumteile 1 : 3. Schaufeln u. Differenzmischer.	Gemisch wird sofort über Elevator, Sieb u. Mischer zur Presse geführt	Komnicksche Revolver-Presse.	½—5 Std. je nach Fortschreiten der Herstellung.	9 Std. unter 8 Atm.	Auf dem Erhärtungswagen sofort nach dem Bau gebracht u nach Bedarf sofort verwendet.	Zu allen Mauerarbeiten.
65 **58** 57	74 **63** 55	4,42	—	—	—	—	—	—	—	—	—
133 **106** 85	—	—	—	—	—	—	—	—	—	—	—

Tabelle 2 (Fortsetzung).

1	2	3	4	5	6	7	8	9	10	11
Lfd. Nr.	Antragsteller; Herkunft der Steine.	Abmessungen der Steine Länge, Breite, Höhe in cm	Mittleres Gewicht der Steine im Anlieferungs- (lufttrockenen) Zustande kg	trockenen Zustande G kg	Raumgewicht r, Spezifisches Gewicht s, $b = \frac{r}{s}$ $u = 1 - b$	Rauminhalt der Steine $J = \frac{G}{r}$ l	Wasseraufnahme a) Gewichtsprozent W_g b) Raumprozent $W_r = \frac{r.(G_1 - G).100}{G}$ %	Grad der Porenfüllung $u_w = \frac{W_r}{u.100}$	Druckfestig- a) Abmessungen der Versuchsstücke in cm b) Gedrückte Fläche f in qcm c) $\frac{\sqrt{f}}{h}$	trocken kg/qcm
155	2/4880	l = 24,9 b = 11,8 h = 6,5	3,257	3,186	—	—	—	—	a) 12,0.11,8.14,5 b) f = 142 c) 0,76	95 **84** 71
156	Pillauer Hartsteinwerk, M. A. Czymmek, Königsberg i. Pr.	l = 31,5 b = 15,0 h = 7,5	6,102	5,924	—	—	—	—	a) 15,4.15,0.16,0 b) f = 231 c) 0,94	225 **213** 202
157	2/4891	l = 25,1 b = 12,0 h = 6,5	3,564 *3,996*	3,521 *4,010*	r = 1,792 s = 2,609 b = 0,687 u = 0,313	1,965	*12,3* a) 14,9 b) 26,6	0,8	a) 12,1.12,0.14,6 b) f = 145 c) 0,82	133 **117** 102
158	2/4911	l = 25,2 b = 12,1 h = 6,5	3,314 *3,778*	3,240 *3,813*	r = 1,697 s = 2,581 b = 0,657 u = 0,343	1,904	*17,5* a) 18,2 b) 30,8	0,9	a) 12,2.12,1.14,1 b) f = 148 c) 0,85	128 **117** 106
159	Antr. Dr. Roesicke zu Rittergut Görsdorf bei Dahme (Mark); Herkunft unbekannt	l = 25,2 b = 12,0 h = 6,7	3,600	3,472	—	—	—	—	a) 12,1.12,0.14,6 b) f = 145 c) 0,82	189 **136** 118

12	13	14	15								
keit			Angaben des Antragstellers								
wassersatt kg/qcm	nach 25-maligem Gefrieren kg/qcm	Gehalt an löslicher Kieselsäure %	Herstellungsverfahren	Art der Rohstoffe (Kalk und Sand), Art der Aufbereitung. Art des Löschens des Kalkes	Art des Mischens der Rohstoffe	Wie und wie lange lagert das Gemisch und welche Wärme hat es?	Art der Steinpresse	Dauer der Lagerung der Preßlinge vor dem Einbringen an die Härtestelle	Dauer der Lagerung im Kessel und Höhe der Dampfspannung Atm.	Art der Behandlung nach der Entnahme aus dem Kessel	Verwendungszweck
—	—	—	Verfahren Komnick.	Gelber gebrannter Mauerkalk aus Rennstedt b. Halle a. S.; in Kästen zu Pulver vorgelöscht, in Erhärtungskesseln nachgelöscht u. getrocknet. Dann fein gemahlen. Sand aus einer Sandrippe im alten Inundationsgebiet der Elbe; in den oberen Schichten feinerer Sand mit geringem Lohmanteil; in den unteren Schichten scharfer z. T grobkörniger Sand; beide werden gemischt im Gewinnungszustand verarbeitet.	Auf 60 Schaufeln Sand 22—24 Schaufeln Kalkpulver; zunächst von Hand gemischt, Mischung geht über Elevator, Kollergang u. Rührwerk.	Lagert nicht.	Komnicksche Hartsteinpresse mit von unten wirkendem Stempeldruck.	$^3/_4$—1 Std. auf dem Plateauwagen.	14 Std im Härtekessel, davon 12 Std. unter 8 Atm.	Teils sofort verladen, teils gestapelt.	Zu jeglichen Bauten.
—	—	—	Wie unter Nr. 120.								
109 **95** 83	92 **86** 79	5,90	—	—	—	—	—	—	—	—	—
108 **96** 82	109 **93** 84	4,6	—	—	—	—	—	—	—	—	—
—	—	—	—	—	—	—	—	—	—	—	—

Tabelle 2 (Fortsetzung).

1	2	3	4	5	6	7	8	9	10	11
Lfd. Nr.	Antragsteller; Herkunft der Steine.	Abmessungen der Steine Länge, Breite, Höhe in cm	Mittleres Gewicht der Steine im Anlieferungs- (lufttrockenen) Zustande kg	Mittleres Gewicht der Steine im trockenen Zustande G kg	Raumgewicht r, Spezifisches Gewicht s, $b = \frac{r}{s}$ $u = 1 - b$	Rauminhalt der Steine $J = \frac{G}{r}$ l	Wasseraufnahme a) Gewichtsprozent W_g b) Raumprozent $W_r = \frac{r.(G_1 - G).100}{G}$ %	Grad der Porenfüllung $u_w = \frac{W_r}{u.100}$	Druckfestig- a) Abmessungen der Versuchsstücke in cm b) Gedrückte Fläche f in qcm c) $\frac{\sqrt{f}}{h}$	trocken kg/qcm
160	Gatower Kalksandsteinfabrik, G. m. b. H. Spandau	l = 25,2 b = 12,0 h = 6,6	3,610	3,491	—	—	—	—	a) 12,2.12,0.14,7 b) f = 146 c) 0,82	171 **144** 124
161	Dieselbe	l = 25,2 b = 12,0 h = 6,6	3,581	3,460	—	—	—	—	a) 12,2.12,0.14,7 b) f = 146 c) 0,82	157 **139** 106
162	Dieselbe	l = 25,2 b = 12,0 h = 6,6	3,534	3,415	—	—	—	—	a) 12,2.12,0.14,7 b) f = 146 c) 0,82	160 **125** 105
163	2/4974	l = 24,9 b = 11,8 h = 6,4	3,457	3,374	—	—	a) 12,8	—	a) 12,0.11,8.14,2 b) f = 142 c) 0,77	111 **102** 95
164	H. F Kistner, Baugeschäft, G. m. b. H., Lehe	l = 21,9 b = 10,5 h = 6,5	2,658 *2,995*	— *3,045*	—	—	—	—	a) 10,5.10,5.14,5 b) f = 110 c) 0,69	156 **147** 130
165	2/4985	l = 24,9 b = 11,9 h = 6,6	3,280	3,158	—	—	—	—	a) 12,0.11,9.14,5 b) f = 143 c) 0,76	132 **122** 100
166	2/4992	l = 25,1 b = 12,1 h = 6,6	3,527	3,407	—	—	—	—	a) 12,1.12,1.14,3 b) f = 146 c) 0,84	151 **136** 118
167	2/5021 I	l = 25,1 b = 12,1 h = 6,8	3,612	3,546	—	—	—	—	a) 12,1.12,1.15,1 b) f = 146 c) 0,79	85 **78** 67

12	13	14	15									
keit			Angaben des Antragstellers									
wassersatt kg/qcm	nach 25maligem Gefrieren kg/qcm	Gehalt an löslicher Kieselsäure %	Herstellungsverfahren	Art der Rohstoffe (Kalk und Sand), Art der Aufbereitung, Art des Löschens des Kalkes	Art des Mischens der Rohstoffe	Wie und wie lange lagert das Gemisch und welche Wärme hat es?	Art der Steinpresse	Dauer der Lagerung der Preßlinge vor dem Einbringen an die Härtestelle	Dauer der Lagerung im Kessel und Höhe der Dampfspannung Atm.	Art der Behandlung nach der Entnahme aus dem Kessel	Verwendungszweck	
—	—	—	—	—	—	—	—	—	—	—	—	
—	—	—	—	—	—	—	—	—	—	—	—	
—	—	—	—	—	—	—	—	—	—	—	—	
—	—	—	Verfahren Komnick.	Kalk aus dem Marmorkalkwerk Silesia zu Niederkauffung; zu Pulver abgelöscht. Grubensand, mittelscharf, 1/2 mm Korn, grubenfeucht, gesiebt.	Raumteile; Kollergang.	Sofort verarbeitet.	Komnicksche Presse mit drehbarem Tisch; Stempeldruck von unten.	Preßlinge werden sofort in die Kessel gefahren.	10 Std. unter 8 Atm.	Sogleich verwendet.	Zu allen Bauzwecken.	
—	126 112 92	—	—	—	—	—	—	—	—	—	—	
—	—	—	—	—	—	—	—	—	—	—	—	
—	—	—	—	—	—	—	—	—	—	—	—	
—	—	—	—	—	—	—	—	—	—	—	—	

Tabelle 2 (Fortsetzung).

1	2	3	4	5	6	7	8	9	10	11
Lfd. Nr.	Antragsteller; Herkunft der Steine.	Abmessungen der Steine Länge, Breite, Höhe in cm	Mittleres Gewicht der Steine im Anlieferungs- (lufttrockenen) Zustande kg	Mittleres Gewicht der Steine im trockenen Zustande G kg	Raumgewicht r, Spezifisches Gewicht s, $\mathfrak{d} = \frac{r}{s}$ $\mathfrak{u} = 1 - \mathfrak{d}$	Rauminhalt der Steine $J = \frac{G}{r}$ l	Wasseraufnahme a) Gewichtsprozent W_g b) Raumprozent $W_r = \frac{r \cdot (G_1 - G) \cdot 100}{G}$ %	Grad der Porenfüllung $u_w = \frac{W_r}{\mathfrak{u} \cdot 100}$	Druckfestig- a) Abmessungen der Versuchsstücke in cm b) Gedrückte Fläche f in qcm c) $\frac{\sqrt{f}}{h}$	trocken kg/qcm
168	2/5021 II	l = 25,1 b = 12,1 h = 6,8	3,526	3,453	—	—	—	—	a) 12,1.12,1.15,1 b) f = 146 c) 0.79	134 **114** 102
168a	2/5021 III	l = 25,1 b = 12,1 h = 6,8	3,603	3,531	—	—	—	—	a) 12,1.12,0.15,0 b) f = 146 c) 0,79	125 **108** 96
169	Sandsteinfabrik Heiligenhafen, G. m. b. H., Heiligenhafen	l = 25,0 b = 12,0 h = 6,6	3,608 *3,945*	3,509 *4,009*	r = 1,828 s = 2,532 $\mathfrak{d}$ = 0,722 $\mathfrak{u}$ = 0,278	1,913	*12,7* a) 14,1 b) 25,8	0,9	a) 12,1.12,0.14,4 b) f = 145 c) 0,83	145 **123** 94
170	Hugo Gensler, Berlin	l = 25,0 b = 11,8 h = 6,6	3,368 *3,780*	3,303 *3,866*	r = 1,764 s = 2,542 $\mathfrak{d}$ = 0,694 $\mathfrak{u}$ = 0,306	1,872	*14,2* a) 14,7 b) 26,0	0,8	a) 12,0.11,8.14,6 b) f = 142 c) 0,75	180 **162** 148
171	Gatower Kalksandsteinfabrik, G. m. b. H., Spandau	l = 25,3 b = 12,2 h = 6,8	3,726	—	—	—	—	—	a) 12,2.12,2.14,5 b) f = 149 c) 0,83	199 **161** 123
172	Antr. Elbinger Maschinenfabrik, F. Komnick vorm. H. Hotop, Elbing. Ursprung der Steine:	l = 23,0 b = 11,0 h = 5,7	2,717	2,646	—	—	—	—	a) 11,1.11,0.12,7 b) f = 122 c) 0,87	214 **180** 146
173	Kjobenhavns Stenforetning Svend Heyman Holger, Klein-Kopenhagen, Raadhusplad 14	l = 23,0 b = 11,0 h = 5,7	2,722	2,652	—	—	—	—	a) 23,0.11,7.6,7 b) f = 253 c) 2,24	283 **255** 209
174	2/5110	l = 25,0 b = 12,0 h = 6,6	3,322 *3,810*	3,267 *3,885*	r = 1,682 s = 2,575 $\mathfrak{d}$ = 0,653 $\mathfrak{u}$ = 0,347	1,942	*17,4* a) 18,0 b) 30,3	0,9	a) 12,1.12,0.14,5 b) f = 145 c) 0,83	182 **158** 145
175	2/5115	l = 25,1 b = 12,0 h = 6,4	3,311	3,220	—	—	—	—	a) 12,2.12,0.14,6 b) f = 146 c) 0,82	144 **116** 102

12	13	14	15								
keit			Angaben des Antragstellers								
wassersatt kg/qcm	nach 25-maligem Gefrieren kg/qcm	Gehalt an löslicher Kieselsäure %	Herstellungsverfahren	Art der Rohstoffe (Kalk und Sand), Art der Aufbereitung. Art des Löschens des Kalkes	Art des Mischens der Rohstoffe	Wie und wie lange lagert das Gemisch und welche Wärme hat es?	Art der Steinpresse	Dauer der Lagerung der Preßlinge vor dem Einbringen an die Härtestelle	Dauer der Lagerung im Kessel und Höhe der Dampfspannung Atm.	Art der Behandlung nach der Entnahme aus dem Kessel	Verwendungszweck
—	—	—	—	—	—	—	—	—	—	—	—
—	—	—	—	—	—	—	—	—	—	—	—
120 **100** 71	123 **103** 68	5,48	Lizenzfreies Verfahren	Hannoverscher Weißkalk; zu Pulver abgelöscht in Kästen mit Nachlöschung im Härtekessel. Mauersand, scharf, ohne tonige Stoffe; grubenfeucht, gesiebt.	Raumteile; 200 kg Kalk auf $2^1/_2$ cbm Sand; Kollergang.	Sofort verarbeitet.	Dampfpresse von Amandus Kahl, Hamburg.	Preßlinge nach Fertigstellung der Tagesfertigung (5 St) auf Steinwagen in Härtekessel.	8 Std. unter 9 Atm.	Gelagert.	Zu allen Bauzwecken.
138 **136** 118	148 **135** 116	6,10	Verfahren Komnick	Rüdersdorfer Kalk. Sand aus eigener Grube Dom Klein-Eichholz.	Doppelmischer.	Sofort verarbeitet.	Komnicksche Presse.	Sofort in die Kessel.	8 Std. unter 8 Atm.	Sofort verladen.	Zu Wohnhäusern.
—	—	—	—	—	—	—	—	—	—	—	—
—	—	—	Kalkhydratverfahren (Hochdruckdampf).	Dänischer Findlingskalk, in Schachtöfen gebrannt; zu Pulver gelöscht u gemahlen; Grubensand verschiedener Körnungen; gemischt, ziemlich lehmhaltig, im Gewinnungszustand verwendet.	Raumteile; Gemisch aus Kalkpulver u. Sand gesiebt. Kollergang, dann in Rührpfannen vor der Presse.	Sofort verarbeitet.	Presse (Komnick) mit rotierendem Tisch, die 2 Steine zugleich preßt u. stündlich 2200 Steine fertigt.	Preßlinge auf Plateauwagen gestapelt u. sofort in die Kessel gefahren.	8 Std. unter 8 Atm.	Teils gestapelt, teils zur Baustelle gefahren.	Hauptsächlich zum Bau von Wohnhäusern, u. zwar zu Rohbauten.
—	—	—									
181 **145** 108	160 **130** 109	5,5	—	—	—	—	—	—	—	—	—
—	—	—	—	—	—	—	—	—	—	—	—

Tabelle 2 (Fortsetzung).

1	2	3	4	5	6	7	8	9	10	11
Lfd. Nr.	Antragsteller; Herkunft der Steine.	Abmessungen der Steine Länge, Breite, Höhe in cm	Mittleres Gewicht der Steine im Anlieferungs- (lufttrockenen) Zustande kg	Mittleres Gewicht der Steine im trockenen Zustande G kg	Raumgewicht r, Spezifisches Gewicht s, $\mathfrak{d} = \frac{r}{s}$ $\mathfrak{u} = 1 - \mathfrak{d}$	Rauminhalt der Steine $J = \frac{G}{r}$ l	Wasseraufnahme a) Gewichtsprozent W_g b) Raumprozent $W_r = \frac{r.(G_1 - G).100}{G}$ %	Grad der Porenfüllung $u_w = \frac{W_r}{u.100}$	Druckfestig- a) Abmessungen der Versuchsstücke in cm b) Gedrückte Fläche f in qcm c) $\frac{\sqrt{f}}{h}$	trocken kg/qcm
176	2/5134	l = 25,1 b = 12,1 h = 6,7	3,214 *3,715*	3,103 *3,756*	r = 1,619 s = 2,581 𝔡 = 0,627 𝔲 = 0,373	1,9	*20,2* a) 21,8 b) 35,3	0,9	a) 12,1 . 12,1 . 14,5 b) f = 146 c) 0,83	140 **133** 125
177	Hartsteinwerk Grüppenbühren, Eingetr. G. m. b. H., Grüppenbühren	l = 25,4 b = 12,4 h = 6,8	3,922 *4,326*	3,731 *4,333*	r = 1,890 s = 2,479 𝔡 = 0,762 𝔲 = 0,238	2,0	*12,1* a) 15,2 b) 28,7	1,0	a) 12,2 . 12,4 . 14,9 b) f = 151 c) 0,81	227 **183** 170
178	Sandstein- und Brikettwerke, G. m. b. H., Schmelz bei Memel	l = 24,9 b = 11,9 h = 6,9	3,380	3,274	—	—	—	—	a) 12,0 . 11,9 . 15,0 b) f = 143 c) 0,73	167 **148** 123
179	2/5203	l = 25,0 b = 11,9 h = 6,6	3,556	3,380	—	—	—	—	a) 12,0 . 11,9 . 14,5 b) f = 143 c) 0,76	106 **89** 73
180	Berliner Hartsteinwerke, G. m. b. H. Berlin, jetzt Berlin-Woltersdorfer Hartsteinwerke, G. m. b. H., zu dem Stolper Kalkberge	l = 25,0 b = 11,8 h = 6,5	3,570 *3,855*	3,348 *3,889*	r = 1,832 s = 2,548 𝔡 = 0,719 𝔲 = 0,281	1,8	*12,7* a) 14,4 b) 26,4	0,9	a) 12,0 . 11,8 . 14,4 b) f = 142 c) 0,76	191 **162** 136

12	13	14	15								
keit			Angaben des Antragstellers								
wassersatt kg/qcm	nach 25-maligem Gefrieren kg/qcm	Gehalt an löslicher Kieselsäure %	Herstellungsverfahren	Art der Rohstoffe (Kalk und Sand), Art der Aufbereitung, Art des Löschens des Kalkes	Art des Mischens der Rohstoffe	Wie und wie lange lagert das Gemisch und welche Wärme hat es?	Art der Steinpresse	Dauer der Lagerung der Preßlinge vor dem Einbringen an die Härtestelle	Dauer der Lagerung im Kessel und Höhe der Dampfspannung Atm.	Art der Behandlung nach der Entnahme aus dem Kessel	Verwendungszweck
118 **103** 86	104 **94** 76	5,0	Siloverfahren.	Walbecker Kalk aus Weferlingen; zu Ätzkalk gemahlen, Sand, im Gewinnungszustand verwendet.	Gewichtsteile. Mischmaschine.	12 Std. in Silos gelagert.	Atlaspresse von Am. Kahl.	Sofort gehärtet.	10 Std. unter 8 Atm.	Gestapelt.	Zu allen Bauzwecken.
163 **143** 125	273 **156** 134	5,26	Hochdruck-Dampfverfahren.	Kalk aus dem Rhein.-Westfäl.-Kalkwerk zu Lethmathe; gemahlener Ätzkalk; Aufbereitung System Brück. - Grubensand, rein, ungetrocknet, gesiebt.	Gewichtsteile; 25 Min. gemischt.	Sofort verarbeitet.	Brücksche Presse.	Sofort gehärtet.	10 Std. unter 9 Atm.	Meist sofort verladen.	Zu allen Wohnhausbauten.
—	—	—	- Verfahren Komnick.	Gogoliner Kalk; in Kästen zu Pulver vorgelöscht u. im Härtekessel nachgelöscht. Dünensand, frei von tonigen Stoffen, im Gewinnungszustand verwendet (5% Feuchtigkeit).	Raumteile; 1 Schaufel Kalk u. 3 Schaufeln Sand, mit Schaufeln vor dem Mörtelelevator gemischt.	Über den Elevator sofort zur Presse.	Presse Komnick Nr. 1.	Nach Fertigstellen eines Steinwagens (800 Stück Preßlinge) sofort in die Kessel.	9 Std. unter 8 Atm.	Je nach Bedarf sofort verladen.	Zu Hochbauten, Innen- und Außenwänden, sowie zu Kesselausmauerungen.
—	—	—	—	—	—	—	—	—	—	—	—
166 **140** 113	152 **122** 100	5,3	Hydratverfahren.	Geraer Grau- u. Harzer Weißkalk gemischt, in Trommeln zu Pulver gelöscht. Sand aus eigenen Gruben, rein, verschiedenkörnig, im Gewinnungszustand verwendet.	Raumteile; Kalk u. Sand mit Schaufeln von Hand gemischt.	Gemisch geht sofort mittelst Elevatoren über Schüttelsiebe u. Kollergang zur Presse	Presse mit rotierendem Tisch.	Sofort in die Härtekessel.	10 Std. unter 8 Atm.	Sofort verladen.	Zum Bau von Gebäuden joglicher Art u. als Verblender.

Tabelle 2 (Fortsetzung).

1	2	3	4	5	6	7	8	9	10	11
Lfd. Nr.	Antragsteller; Herkunft der Steine.	Abmessungen der Steine Länge, Breite, Höhe in cm	Mittleres Gewicht der Steine im Anlieferungs- (lufttrockenen) Zustande kg	Mittleres Gewicht der Steine im trockenen Zustande G kg	Raumgewicht r, Spezifisches Gewicht s, $\mathfrak{d} = \frac{r}{s}$ $\mathfrak{u} = 1 - \mathfrak{d}$	Rauminhalt der Steine $J = \frac{G}{r}$ l	Wasseraufnahme a) Gewichtsprozent W_g b) Raumprozent $W_r = \frac{r \cdot (G_1 - G) \cdot 100}{G}$ %	Grad der Porenfüllung $\mathfrak{u}_w = \frac{W_r}{\mathfrak{u} \cdot 100}$	Druckfestig- a) Abmessungen der Versuchsstücke in cm b) Gedrückte Fläche f in qcm c) $\frac{\sqrt{f}}{h}$	trocken kg/qcm
181	2/5222	l = 25,0 b = 12,0 h = 6,7	3,419	3,292	—	—	—	—	a) 12,0.12,0.14,6 b) f = 144 c) 0,82	115 **74** 57
182	P. Polysius, Eisengießerei und Maschinenfabrik, Dessau	l = 24,9 b = 11,9 h = 6,7	3,557 *3,875*	— *3,911*	—	—	—	—	a) 12,0.11,9,14,7 b) f = 143 c) 0,82	—
183	2/5247	l = 25,2 b = 12,1 h = 6,6	3,600	3,478	—	—	—	—	a) 12,1.12,1.14,5 b) f = 146 c) 0,83	160 **140** 128
184	Kalksandsteinwerke Wittenberg, G. m. b. H., Wittenberg	l = 24,9 b = 11,9 h = 6,6	3,482 *3,886*	3,419 *3,937*	r = 1,744 s = 2,581 $\mathfrak{d}$ = 0,676 $\mathfrak{u}$ = 0,324	2,0	*12,6* a) 14,7 b) 25,4	0,8	a) 12,0.11,9.14,6 b) f = 143 c) 0,75	261 **178** 134
185	Uesener Hartsteinwerke, G. m. b. H., Uesen bei Achim	l = 25,3 b = 12,2 h = 6,8	3,650 *4,039*	3,492 *4,085*	r = 1,779 s = 2,485 $\mathfrak{d}$ = 0,716 $\mathfrak{u}$ = 0,284	2,0	*15,0* a) 16,5 b) 29,3	1,0	a) 12,2.12,2.14,6 b) f = 149 c) 0,82	242 **220** 182

12	13	14	15								
keit			Angaben des Antragstellers								
wassersatt kg/qcm	nach 25-maligem Gefrieren kg/qcm	Gehalt an löslicher Kieselsäure %	Herstellungsverfahren	Art der Rohstoffe (Kalk und Sand), Art der Aufbereitung. Art des Löschens des Kalkes	Art des Mischens der Rohstoffe	Wie und wie lange lagert das Gemisch und welche Wärme hat es?	Art der Steinpresse	Dauer der Lagerung der Preßlinge vor dem Einbringen an die Härtestelle	Dauer der Lagerung im Kessel und Höhe der Dampfspannung Atm.	Art der Behandlung nach der Entnahme aus dem Kessel	Verwendungszweck
—	—	—	—	—	—	—	—	—	—	—	—
—	206 **184** 158	—	Hochdruckdampfverfahren.	Harzer Ringofenkalk, in Trommeln zu Pulver gelöscht. Sand aus Belgien, ziemlich rein, im Gewinnungszustand verwendet.	Gewichtsteile; Verhältnis 7 : 100; Kollergang.	Sofort verarbeitet.	Kniehebelpresse.	5 Std. gelagert.	11 Std. unter 7 Atm.	—	—
—	—	—	—	—	—	—	—	—	—	—	—
171 **144** 107	140 **131** 114	5,1	Löschtrommel.	Kalk verschiedener Herkunft; gemahlener Ätzkalk, in Trommeln zu Pulver gelöscht. Sand, feinkörnig, ungeschlämmt u. ungesiebt.	250 kg gem. Ätzkalk u. 2,5 cbm Sand zu 1000 Steinen.	Gemisch geht über Mörteltrichter, Schüttelrinne, Elevator u. Kollergang zur Presse.	Dorstener Presse.	Jeder Wagen wird, sobald gefüllt, in die Kessel geschoben.	10 Std. unter 8 Atm.	Teils gelagert, teils sofort verladen.	Zu Wohn- u. Wirtschaftsgebäuden, sowie zu Rohbauten.
252 **224** 176	239 **220** 197	5,4	Heißaufbereitungsverfahren.	Fettkalk aus den Rheinisch-Westfälischen Kalkwerken zu Memsen (97 - 99 % Kalk, 0,36 - 0,95 % Magnesia); gemahlener Ätzkalk. Dünensand bis 1 mm, im Gewinnungszustand verwendet.	Gewichtsteile; in einer Aufbereitungsmaschine 25—30 Min. unter etwa 100° C gemischt, wobei Kalk gelöscht wird.	Sofort verarbeitet.	Kurbelpresse von Brück, Kretschel & Co.	Die Wagen werden nach Füllung in die Kessel geschoben.	10 Std. unter 8 Atm.	Teils sofort verwendet, teils gestapelt.	Zu allen Hoch- u. Tiefbauten.

Tabelle 2 (Fortsetzung).

1	2	3	4	5	6	7	8	9	10	11
Lfd. Nr.	Antragsteller; Herkunft der Steine.	Abmessungen der Steine Länge, Breite, Höhe in cm	Mittleres Gewicht der Steine im Anlieferungs- (lufttrockenen) Zustande kg	Mittleres Gewicht der Steine im trockenen Zustande G kg	Raumgewicht r, Spezifisches Gewicht s, $\mathfrak{d} = \frac{r}{s}$ $\mathfrak{u} = 1 - \mathfrak{d}$	Rauminhalt der Steine $J = \frac{G}{r}$ l	Wasseraufnahme a) Gewichtsprozent Wg b) Raumprozent $W_r = \frac{r \,.\, (G_1 - G) \,.\, 100}{G}$ %	Grad der Porenfüllung $\mathfrak{u}_w = \frac{W_r}{\mathfrak{u} \,.\, 100}$	Druckfestig- a) Abmessungen der Versuchsstücke in cm b) Gedrückte Fläche f in qcm c) $\frac{\sqrt{f}}{h}$	trocken kg/qcm
186	Erste Bromberger Hartsteinfabrik, Wilhelm Knelke, Bromberg	l = 24,9 b = 11,8 h = 6.8	3,588 *3,978*	3,514 *4,036*	—	—	—	—	a) 12,0.11,8.14,7 b) f = 142 c) 0,75	183 **150** 124
187	2/5295	l = 25,9 b = 11,9 h = 6,8	3,681	3,600	—	—	—	—	a) 12,0.11,9.15,2 b) f = 143 c) 0,72	178 **154** 95
188	2/5300	l = 25,0 b = 12,0 h = 6,7	3,529 *3,912*	3,399 *3,930*	r = 1,787 s = 2,516 $\mathfrak{d}$ = 0,710 $\mathfrak{u}$ = 0,290	1,9	*13,2* a) 15,5 b) 27,7	0,96	a) 12,1.12,0.14,7 b) f = 145 c) 0,82	185 **164** 126
189	2/5307	l = 25,3 b = 12,2 h = 6,6	3,626	3,539	—	—	—	—	a) 12,2.12,2.14,5 b) f = 149 c) 0,83	308 **260** 173
190	„Cyklop", Hartsteinwerke, G. m. b. H., Volkenshagen-Rostock zu Rostock	l = 25,1 b = 12,1 h = 6,7	3,820	3,709	—	—	—	—	a) 12,1.12,1.14,5 b) f = 146 c) 0,83	187 **176** 158
191	2/5361	l = 25,1 b = 12,0 h = 6,6	3,570	—	—	—	—	—	a) 12,1.12,0.14,5 b) f = 145 c) 0,83	247 **215** 186
192	2/5366	l = 25,2 b = 12,0 h = 6,8	3,484	3,380	—	—	—	—	a) 12,2.12,0.15,0 b) f = 146 c) 0,80	141 **125** 102
193	2/5390	l = 25,1 b = 12,1 h = 6,6	3,640 *4,038*	3,565 *4,081*	r = 1,878 s = 2,581 $\mathfrak{d}$ = 0,728 $\mathfrak{u}$ = 0,272	1,898	*12,2* a) 12,8 b) 24,1	0,9	a) 12,2.12,1.14,8 b) f = 148 c) 0,81	192 **149** 103

12	13	14	15								
keit			Angaben des Antragstellers								
wassersatt kg/qcm	nach 25-maligem Gefrieren kg/qcm	Gehalt an löslicher Kieselsäure %	Herstellungsverfahren	Art der Rohstoffe (Kalk und Sand), Art der Aufbereitung. Art des Löschens des Kalkes	Art des Mischens der Rohstoffe	Wie und wie lange lagert das Gemisch und welche Wärme hat es?	Art der Steinpresse	Dauer der Lagerung der Preßlinge vor dem Einbringen an die Härtestelle	Dauer der Lagerung im Kessel und Höhe der Dampfspannung Atm.	Art der Behandlung nach der Entnahme aus dem Kessel	Verwendungszweck
—	143 **119** 89	—	Verfahren Komnick.	Hansdorfer Kalk aus den Gogolin-Goradzer Werken; in Härtekessel unter Hochdruckdampf zu Pulver gelöscht. Grubensand, feinkörnig, rein; wenn nötig vor der Verwendung getrocknet u. gesiebt.	1 Tl. Kalk u. 3 Tl. Sand. Auf 1000 Steine 250 kg Kalk. Kollergang.	Sofort verarbeitet.	Komnicksche Presse.	Sofort gehärtet.	10 St. unter 8 Atm.	Je nach Bedarf sogleich verwendet.	Zu allen Arten von Bauten.
146 **93** 60	—	—	—	—	—	—	—	—	—	—	—
165 **134** 102	135 **118** 105	4,55	—	—	—	—	—	—	—	—	—
—	—	—	—	—	—	—	—	—	—	—	—
—	—	—	Kombiniertes Silo-verfahren.	Gemahlener Ätzkalk; in der Trommel zu Pulver gelöscht; Kies, rein, grob, scharf, ungetrocknet, gesiebt verwendet.	Raumteile; in Mischmaschinen etwa ¼ Std.	Sofort verarbeitet	Kniehebelpresse.	Sofort in die Kessel.	10 - 12 Std. unter 8 Atm.	Je nach Bedarf sogleich verwendet oder gelagert.	Als Mauersteine u. Verblender.
—	—	—	—	—	—	—	—	—	—	—	—
—	—	—	—	—	—	—	—	—	—	—	—
181 **124** 95	136 **110** 73	4,2	—	—	—	—	—	—	—	—	—

Tabelle 2 (Fortsetzung).

1	2	3	4	5	6	7	8	9	10	11
Lfd. Nr.	Antragsteller; Herkunft der Steine.	Abmessungen der Steine Länge, Breite, Höhe } in cm	Mittleres Gewicht der Steine im Anlieferungs- (lufttrockenen) Zustande kg	trockenen Zustande G kg	Raumgewicht r, Spezifisches Gewicht s, $\mathfrak{d} = \frac{r}{s}$ $\mathfrak{u} = 1 - \mathfrak{d}$	Rauminhalt der Steine $J = \frac{G}{r}$ l	Wasseraufnahme a) Gewichtsprozent W_g b) Raumprozent $W_r = \frac{r \cdot (G_1 - G) \cdot 100}{G}$ %	Grad der Porenfüllung $\mathfrak{u}_w = \frac{W_r}{\mathfrak{u} \cdot 100}$	Druckfestig- a) Abmessungen der Versuchsstücke in cm b) Gedrückte Fläche f in qcm c) $\frac{\sqrt{f}}{h}$	trocken kg/qcm
194	2/5400 a	l = 25,0 b = 12,0 h = 6,6	3,463	3,343	—	—	—	—	a) 12,1 . 12,0 . 14,3 b) f = 145 c) 0,84	190 **171** 141
195	2/5400 b	l = 25,0 b = 12,0 h = 6,5	3,270	3,124	—	—	—	—	a) 12,1 . 12,0 . 14,3 b) f = 145 c) 0,84	168 **115** 76
196	Hartziegelwerke Hamburg, G. m. b. H., Hamburg	l = 22,1 b = 10,5 h = 6,8	2,960 *3,205*	2,861 *3,258*	r = 1,835 s = 2,564 $\mathfrak{d}$ = 0,716 $\mathfrak{u}$ = 0,284	1,6	*11,1* a) 12,8 b) 23,5	0,8	a) 10,7 . 10,5 . 14,9 b) f = 112 c) 0,67	223 **207** 181
197	Hartziegelei, G. m. b. H., Laag i. Mecklbg.	l = 25,1 b = 12,1 h = 6,6	3,418 *3,842*	3,300 *3,889*	r = 1,689 s = 2.439 $\mathfrak{d}$ = 0,692 $\mathfrak{u}$ = 0,308	1,954	*14,3* a) 16,0 b) 27,1	0,9	a) 12,1 . 12,1 . 14,5 b) f = 146 c) 0,83	268 **235** 198
198	2/5428	l = 24,9 b = 11,8 h = 6,5	3,550 *3,931*	3,498 *3,953*	r = 1,880 s = 2,537 $\mathfrak{d}$ = 0,741 $\mathfrak{u}$ = 0,259	1,861	*7,1* a) 12,3 b) 23,1	0,9	a) 12,0 . 11,8 . 14,3 b) f = 142 c) 0,77	—
199	2/5455	l = 24,9 b = 11,9 h = 6,6	3,622	—	—	—	—	—	a) 6,61 . 6,61 . 6,55 b) f = 43,7 c) 0,99	177 **130** 103
200	2/5461	l = 24,9 b = 11,9 h = 6,6	3,394 *3,868*	3,336 *3,884*	r = 1,775 s = 2,532 $\mathfrak{d}$ = 0,701 $\mathfrak{u}$ = 0,299	1,879	*15,3* a) 15,6 b) 27,8	0,9	a) 12,0 . 11,9 . 14,5 b) f = 143 c) 0,76	191 **171** 145
201	2/5466 a	l = 25,1 b = 12,0 h = 6,5	3,482	—	—	—	—	—	a) 12,1 . 12,0 . 14,3 b) f = 145 c) 0,84	189 **174** 150

12	13	14	15								
keit			Angaben des Antragstellers								
wassersatt kg/qcm	nach 25-maligem Gefrieren kg/qcm	Gehalt an löslicher Kieselsäure %	Herstellungsverfahren	Art der Rohstoffe (Kalk und Sand), Art der Aufbereitung. Art des Löschens des Kalkes	Art des Mischens der Rohstoffe	Wie und wie lange lagert das Gemisch und welche Wärme hat es?	Art der Steinpresse	Dauer der Lagerung der Preßlinge vor dem Einbringen an die Härtestelle	Dauer der Lagerung im Kessel und Höhe der Dampfspannung Atm.	Art der Behandlung nach der Entnahme aus dem Kessel	Verwendungszweck
—	—	—	—	—	—	—	—	—	—	—	—
—	—	—	—	—	—	—	—	—	—	—	—
206 **187** 155	177 **166** 150	4,8	Siloverfahren	Lengericher Ringofenkalk; zu Pulver gemahlen; im Silo gelöscht. Elbsand 1 ½—½ mm, rein, ungetrocknet, gesiebt u. geschlämmt verwendet.	Raumteile; in Mischmaschinen etwa 5 Min.	In Silos 12–14 Std. gelagert; 35–40° C.	Kahlsche Presse „Atlas".	Sofort in die Kessel.	10 Std. unter 8 Atm.	Sogleich verwendet oder gelagert.	Zu allen möglichen Bauten.
226 **207** 179	208 **188** 169	4,53	Hochdruckverfahren	Bredenbecker Ringofenkalk, zu Pulver gelöscht. Dünensand mittlerer Körnung, im Gewinnungszustand verwendet.	900 kg Kalk auf 1,3 cbm Sand. Kollergang.	24–48 Std. gelagert; etwa 15° C.	Kahlsche Presse.	Sofort in die Kessel.	10 Std. unter 8 Atm.	Sogleich verwendet oder gestapelt.	Zu allen Bauzwecken.
—	112 **99** 89	—	—	—	—	—	—	—	—	—	—
—	—	—	—	—	—	—	—	—	—	—	—
151 **138** 126	142 **128** 120	4,712	—	—	—	—	—	—	—	—	—
—	—	—	—	—	—	—	—	—	—	—	—

Tabelle 2 (Fortsetzung).

1	2	3	4	5	6	7	8	9	10	11
Lfd. Nr.	Antragsteller; Herkunft der Steine.	Abmessungen der Steine Länge, Breite, Höhe in cm	Mittleres Gewicht der Steine im Anlieferungs- (lufttrockenen) Zustande kg	Mittleres Gewicht der Steine im trockenen Zustande G kg	Raumgewicht r, Spezifisches Gewicht s, $\mathfrak{d} = \frac{r}{s}$ $u = 1 - \mathfrak{d}$	Rauminhalt der Steine $J = \frac{G}{r}$ l	Wasseraufnahme a) Gewichtsprozent W_g b) Raumprozent $W_r = \frac{r \cdot (G_1 - G) \cdot 100}{G}$ %	Grad der Porenfüllung $u_w = \frac{W_r}{u \cdot 100}$	Druckfestig- a) Abmessungen der Versuchsstücke in cm b) Gedrückte Fläche f in qcm c) $\frac{\sqrt{f}}{h}$	trocken kg/qcm
202	2/5466 b	l = 25,2 b = 12,0 h = 6,7	3,434 *3,883*	3,353 *3,906*	r = 1,756 s = 2,559 $\mathfrak{d}$ = 0,686 u = 0,314	1,909	*15,1* a) 16,6 b) 29,1	0,9	a) 12,2 . 12,0 . 14,6 b) f = 146 c) 0,82	—
203	Dt. Eylauer Hartsteinwerke, Nickau & Richstein, G. m. b. H., Dt. Eylau	l = 25,0 b = 11,8 h = 6,7	3,653 *3,953*	3,528 *3,969*	—	—	—	—	a) 12,0 . 11,8 . 14,4 b) f = 142 c) 0,76	186 **169** 148
240	Skånska Zement Aktie Bolaget, K. F. Berg, Lomma (Schweden)	l = 25,2 b = 12,0 h = 6,6	3,594 *3,952*	3,477 *3,977*	r = 1,755 s = 2,516 $\mathfrak{d}$ = 0,698 u = 0,302	1,981	*10,2* a) 14,0[1] b) 24,6	0,8	a) 12,1 . 12,0 . 14,4 b) f = 145 c) 0,83	234 **217**[2] 203
205	Berliner Kalksandsteinwerke, Rob Guthmann, G. m b. H. Berlin NW. 7	l = 25,3 b = 12,1 h = 6,5	3,515	—	—	—	—	—	a) 12,2 . 12,1 . 14,4 b) f = 148 c) 0,83	251 **221** 195
206	Desgl.	l = 25,3 b = 12,1 h = 6,5	3,529	—	—	—	—	—	a) 12,2 . 12,1 . 14,4 b) f = 148 c) 0,83	254 **218** 172

1) Die Steine waren in 9 Tagen wassergesättigt und wurden (bei Lagerung an der Luft) in 16 Tagen

2) Druckfestigkeitsversuche, ausgeführt an halben Steinen mit den mittleren Abmessungen 12,1 . 12,0 . 6,6 cm durch Schleifversuche ermittelt, ergab sich im Mittel zu 55,4 ccm.

12	13	14	15								
keit			Angaben des Antragstellers								
wassersatt kg/qcm	nach 25-maligem Gefrieren kg/qcm	Gehalt an löslicher Kieselsäure %	Herstellungsverfahren	Art der Rohstoffe (Kalk und Sand), Art der Aufbereitung. Art des Löschens des Kalkes	Art des Mischens der Rohstoffe	Wie und wie lange lagert das Gemisch und welche Wärme hat es?	Art der Steinpresse	Dauer der Lagerung der Preßlinge vor dem Einbringen an die Härtestelle	Dauer der Lagerung im Kessel und Höhe der Dampfspannung Atm	Art der Behandlung nach der Entnahme aus dem Kessel	Verwendungszweck
152 **95** 58	128 **86** 58	—	—	—	—	—	—	—	—	—	—
154 **137** 108	212 **157** 132	—	Hochdruck-Dampfverfahren	Eigener Wiesenkalk u. Ringofenkalk aus den Hansdorfer Kalkwerken, zu Pulver gemahlen u. in beweglicher Trommel gelöscht. Trocken lagernder Sand, Quarz mit etwas Feldspat durchsetzt, $^{1}/_{2}$—10 mm; gesiebt.	Raumteile; Flügelmischer u. kontinuierlich ableitender Kollergang	25° C; sofort gepreßt.	Revolverpresse.	Wägen nach Füllung in Kessel geschoben.	8-9 Std. unter 8 Atm.	Sofort verwendet.	Als Hintermauerungssteine.
204 **183** 153	196 **185** 168	—	Verfahren Brück, Kretschel & Co. in Osnabrück.	Kalk aus den eigenen Brüchen, gehört zur Kreideformation; im Ringofen gebrannt, zu Pulver gemahlen; Seesand aus Öresund, $^{4}/_{5}$ feinerer u. $^{1}/_{5}$ gröberer, im Gewinnungszustand verwendet.	Gewichtsteile; Aufbereitungsmaschine von Brück, Kretschel & Co.; 30 Min., davon 12—15 Min. bei einem Überdruck von 3 Atm.	Sofort gepreßt.	Liegende Presse von Brück, Kretschel & Co.	Die vollbesetzten Wagen (900 Preßlinge) werden sogleich in die Kessel gefahren	$15^{1}/_{2}$ Std. im Kessel, davon 13 Std. unter $8^{1}/_{2}$ Atm.	In 2 Sorten sortiert, teils sofort verwendet, teils gelagert.	Hauptsächlich als Verblender.
— ——	— —	— —	Siloverfahren	Rüdersdorfer Ringofenkalk, zu Pulver gemahlen u. im Silo gelöscht. Sand aus den Sandbergen in Niederlehne mit Spuren von Lehm, gesiebt.	Raumteile; in Mischmaschinen 10 Min.	24 Std. im Silo gelagert. 35—40° C.	Dorstener Presse.	Preßlinge lagern 1 Std.	8—9 Std unter 9 Atm.	Meist sofort versandt	Als Hintermauerungssteine mit Klinkerqualität.

wieder lufttrocken.

(gedrückte Fläche = 145 qm) im trockenen Zustand, ergaben im Mittel 285 kg/qcm. Die Abnutzbarkeit der Steine,

Tabelle 2 (Fortsetzung).

1	2	3	4	5	6	7	8	9	10	11
Lfd. Nr.	Antragsteller; Herkunft der Steine.	Abmessungen der Steine Länge, Breite, Höhe in cm	Mittleres Gewicht der Steine im Anlieferungs- (lufttrockenen) Zustande kg	Mittleres Gewicht der Steine im trockenen Zustande G kg	Raumgewicht r, Spezifisches Gewicht s, $\mathfrak{d} = \frac{r}{s}$ $\mathfrak{u} = 1 - \mathfrak{d}$	Rauminhalt der Steine $J = \frac{G}{r}$ l	Wasseraufnahme a) Gewichtsprozent W_g b) Raumprozent $W_r = \frac{r.(G_1 - G).100}{G}$ %	Grad der Porenfüllung $u_w = \frac{W_r}{u.100}$	Druckfestig- a) Abmessungen der Versuchsstücke in cm b) Gedrückte Fläche f in qcm c) $\frac{\sqrt{f}}{h}$	trocken kg/qcm
207	2/5487	l = 25,1 b = 12,0 h = 6,7	3,568 *3,986*	3,461 *4,009*	—	2,018	*11,9* a) 15,3 b) 26,3	—	a) 12,1.12,0.14,5 b) f = 145 c) 0,83	155 **138** 125
208	2/5501	l = 25,2 b = 12,0 h = 6,6	3,559	3,396	—	—	—	—	a) 12,1.12,0.14,4 b) f = 145 c) 0,83	149 **136** 122
					1905.					
209	Hartsteinwerke „Geestacht", Gebr. Holert, Hamburg	l = 22,2 b = 10,5 h = 6,5	2,820	—	—	—	—	—	a) 10,7.10,5.14,4 b) f = 112 c) 0,69	216 **195** 138
210	Desgl.	l = 22,2 b = 10,5 h = 6,5	2,813 *3,084*	2,726 *3,101*	r = 1,775 s = 2,500 $\mathfrak{d}$ = 0,710 $\mathfrak{u}$ = 0,290	1,536	*10,4* a) 14,6 b) 26,0	0,9	a) 10,7.10,5.14,4 b) f = 112 c) 0,69	216 **195** 138
211	Bernburger Kalksandsteinwerke, G. m. b. H., Bernburg	l = 24,9 b = 11,8 h = 6,4	3,323 *3,772*	3,268 *3,817*	r = 1,744 s = 2,505 $\mathfrak{d}$ = 0,696 $\mathfrak{u}$ = 0,304	1,874	*14,2* a) 15,5 b) 26,9	0,9	a) 12,0.11,8.14,0 b) f = 142 c) 0,79	253 **204** 172
212	Hartsteinwerk Grüppenbühren, Eingetragene Genossenschaft mit beschränkter Haftung Grüppenbühren i. O.	l = 25,3 b = 12,0 h = 6,6	3,844 *4,162*	3,723 *4,207*	r = 1,844 s = 2,490 $\mathfrak{d}$ = 0,741 $\mathfrak{u}$ = 0,259	2,019	*6,3* a) 11,7 b) 21,6	0,8	a) 12,2.12,0.14,5 b) f = 146 c) 0,83	265 **197** 165

12	13	14	15								
keit			Angaben des Antragstellers								
wassersatt kg/qcm	nach 25maligem Gefrieren kg/qcm	Gehalt an löslicher Kieselsäure %	Herstellungsverfahren	Art der Rohstoffe (Kalk und Sand), Art der Aufbereitung. Art des Löschens des Kalkes	Art des Mischens der Rohstoffe	Wie und wie lange lagert das Gemisch und welche Wärme hat es?	Art der Steinpresse	Dauer der Lagerung der Preßlinge vor dem Einbringen an die Härtestelle	Dauer der Lagerung im Kessel und Höhe der Dampfspannung Atm.	Art der Behandlung nach der Entnahme aus dem Kessel	Verwendungszweck
199 **130** 84	138 **120** 80	—	—	—	—	—	—	—	—	—	—
—	—	—	—	—	—	—	—	—	—	—	—

1905.

12	13	14	Herstellungsverfahren	Art der Rohstoffe	Art des Mischens	Lagerung des Gemisches	Steinpresse	Dauer der Lagerung der Preßlinge	Lagerung im Kessel	Behandlung nach der Entnahme	Verwendungszweck
—	—	—	Hydratverfahren	Marienhagener Kalk, in der Trommel zu Pulver gelöscht. Dünensand, im Gewinnungszustand.	30 Min. in Mischmaschinen.	Nein. Naturwärme.	Komnick u. Atlas I.	Sofort in die Härtekessel.	10—12 Std. unter 8 Atm.	Sogleich verwendet.	Zu Hoch- u. Tiefbauten.
164 **149** 123	163 **138** 89	4,44									
190 **163** 132	167 **149** 113	5,11	Dr. Bernhardi Sohn, G. E. Draenert, Eilenburg.	Kalk der Kalkwerke Neugattersleben; gemahlener Ätzkalk in Silos gelöscht. Sand feinkörnig, rein; gesiebt, ungetrocknet.	Kalk nach Gewichts-, Sand nach Raumteilen.	5 St in Silos gelagert.	Dr. Bernhardi Sohn, Eilenburg.	Sofort in Härtekessel.	10 Std. unter 8 Atm.	Teils gelagert, teils sofort verwendet	Zu allen Arten von Bauten: Fabriken, Wohnhäusern, Landhäusern, Stallungen usw.
268 **194** 159	270 **196** 134	7,65	Heiß-Aufbereitungsverfahren	Mendener u. Dornaper Kalk; gemahlener Ätzkalk, in der Aufbereitungsmaschine mit Sand gelöscht. Gewachsener Sand, verschiedenkörnig, rein; ungetrocknet, ungeschlämmt, evtl. gesiebt.	Gewichtsteile; 8% Kalk. 25 Min. in Aufbereitungsmaschine.	Nein; Luftwärme.	Brück, Kretschel & Co., Osnabrück.	Möglichst sogleich in Härtekessel.	10 Std. unter 9 Atm.	Sofort verladen.	Zu allen Baulichkeiten.

Tabelle 2 (Fortsetzung).

1	2	3	4	5	6	7	8	9	10	11
Lfd. Nr.	Antragsteller; Herkunft der Steine.	Abmessungen der Steine Länge, Breite, Höhe in cm	Mittleres Gewicht der Steine im Anlieferungs- (lufttrockenen) Zustande kg	Mittleres Gewicht der Steine im trockenen Zustande G kg	Raumgewicht r, Spezifisches Gewicht s, $\mathfrak{d} = \frac{r}{s}$ $\mathfrak{u} = 1 - \mathfrak{d}$	Rauminhalt der Steine $J = \frac{G}{r}$ l	Wasseraufnahme a) Gewichtsprozent W_g b) Raumprozent $W_r = \frac{r.(G_1 - G).100}{G}$ %	Grad der Porenfüllung $\mathfrak{u}_w = \frac{W_r}{\mathfrak{u}.100}$	Druckfestigkeit: a) Abmessungen der Versuchsstücke in qcm b) Gedrückte Fläche f in qcm c) $\frac{\sqrt{f}}{h}$	Druckfestigkeit: trocken kg/qcm
213	Berliner Kalksandstein-Industrie, G. m. b. H., Charlottenburg	l = 25,3 b = 11,9 h = 6,7	3,581 *3,943*	3,446 *3,970*	r = 1,705 s = 2,474 $\mathfrak{d}$ = 0,689 $\mathfrak{u}$ = 0,311	2,021	*11,4* a) 14,4 b) 24,5	0,8	a) 12,2.11,9.14,6 b) f = 145 c) 0,82	274 **247** 220
214	von Rohr Dannenwalde—Priegnitz	l = 25,0 b = 12,0 h = 6,3	3,350 *3,742*	3,237 *3,807*	—	—	*14,0* a) 14,5	—	a) 12,1.12,0.14,2 b) f = 145 c) 0,85	195 **162** 118
215	2/5608	l = 25,0 b = 11,9 h = 6,6	3,540 *3,996*	3,472 *4,008*	r = 1,812 s = 2,521 $\mathfrak{d}$ = 0,719 $\mathfrak{u}$ = 0,281	1,916	*14,6* a) 15,4 b) 27.9	1,0	a) 12,0.11,9.14,5 b) f = 143 c) 0,76	140 **120** 103
216	2/5649 a	l = 25,0 b = 12,0 h = 6,0	3,177	3,146	—	1,800	*9,7* a) 12,4 b) 21,7	—	a) 12,1.12,0.13,1 b) f = 145 c) 0,92	187 **170** 151
217	2/5649 b	l = 25 0 b = 12,0 h = 6,0	3,073	3,055	—	—	—	—	a) 12,0.12,0.13,2 b) f = 144 c) 0,91	147 **105** 88
218	Hartziegelwerk Bützow, G. m. b. H., Bützow i. M.	l = 25,1 b = 12,0 h = 6,5	3,223	3,114	—	—	—	—	a) 12,1.12,0.14,5 b) f = 145 c) 0,83	176 **143** 126
219	2/5681	l = 24,9 b = 11,9 h = 6,6	3,367	3,273	—	—	—	—	a) 12,0.11,9.14,1 b) f = 143 c) 0,78	167 **150** 127

12	13	14	15								
keit			Angaben des Antragstellers								
wassersatt kg/qcm	nach 25-maligem Gefrieren kg/qcm	Gehalt an löslicher Kieselsäure %	Herstellungsverfahren	Art der Rohstoffe (Kalk und Sand), Art der Aufbereitung, Art des Löschens des Kalkes	Art des Mischens der Rohstoffe	Wie und wie lange lagert das Gemisch und welche Wärme hat es?	Art der Steinpresse	Dauer der Lagerung der Preßlinge vor dem Einbringen an die Härtestelle	Dauer der Lagerung im Kessel und Höhe der Dampfspannung Atm.	Art der Behandlung nach der Entnahme aus dem Kessel	Verwendungszweck
233 **208** 180	217 **182** 157	6,12	Brücksches Aufbereitungsverfahren	Rüdersdorfer Kalkstein im eigenen Ringofen gebrannt; gemahlener Ätzkalk. Sand $^{1}/_{2}$–2 mm Korn, rein; im Gewinnungszustand 2 Tl. feiner u. 1 Tl. grober Sand.	92 % Sand, 8 % Kalk, zuerst im Silo trocken, dann in der Brückschen Aufbereitungsmaschine unter Dampf gemischt; 30 Min.	Nein; 60–70° C.	Brücksche Stempelpresse.	Nach 1—2 Std. in Härtekessel, weil bei längerem Stehen in den äußeren Schichten rissig.	12 - 14 Std. unter 9 Atm.	Meist aus den Kesseln direkt auf die Schurre gefahren u. verladen.	Zu Hoch- u. Tiefbauten.
167 **146** 130	168 **136** 100	—	Heiß-Aufbereitungsverfahren	Emslebener Kalk im Härtekessel zu Pulver gelöscht. Grubensand von wechselnder Korngröße; im Gewinnungszustand.	Kollergang.	Sofort in die Presse.	Stehende Presse mit rotierendem Tisch von Rensing & Schirp, Berlin.	Sofort auf Wagen u. nach Füllung von je 7 Wagen in die Kessel.	9 Std. unter 7 Atm.	Gelagert.	Zu allen Bauten.
101 **86** 76	101 **90** 66	5,85	—	—	—	—	—	—	—	—	—
135 **129** 123	—	—	—	—	—	—	—	—	—	—	—
—	—	—	—	—	—	—	—	—	—	—	—
—	—	—	Siloverfahren	Stückkalk der Ver. Walbecker Kalkwerke zu Weferlingen; gemahlener Ätzkalk. Grubensand, feinkörnig, rein; ungetrocknet, ungeschlämmt, gesiebt.	Auf 100 Steine durchschnittlich 250 kg Kalk. Mischmaschine.	12—24 Std. in Silos gelagert.	Drehtischpresse von Röhrig & König, Magdeburg.	Sofort in die Härtekessel.	8 Std. unter 8 Atm.	Gelagert oder verladen.	Zu Hochbauten.
—	—	—	—	—	—	—	—	—	—	—	—

Tabelle 2 (Fortsetzung).

1	2	3	4	5	6	7	8	9	10	11
Lfd. Nr.	Antragsteller; Herkunft der Steine.	Abmessungen der Steine Länge, Breite, Höhe in cm	Mittleres Gewicht der Steine im Anlieferungs- (lufttrockenen) Zustande kg	Mittleres Gewicht der Steine im trockenen Zustande G kg	Raumgewicht r, Spezifisches Gewicht s, $\mathfrak{d} = \frac{r}{s}$ $\mathfrak{u} = 1 - \mathfrak{d}$	Rauminhalt der Steine $J = \frac{G}{r}$ l	Wasseraufnahme a) Gewichtsprozent W_g b) Raumprozent $W_r = \frac{r.(G_1 - G).100}{G}$ %	Grad der Porenfüllung $u_w = \frac{W_r}{\mathfrak{u}.100}$	Druckfestigkeit: a) Abmessungen der Versuchsstücke in cm b) Gedrückte Fläche in cm c) $\frac{\sqrt{f}}{h}$	Druckfestigkeit: trocken kg/qcm
220	2/5698	l = 25,1 b = 12,1 h = 6,6	3,796	—	—	—	—	—	a) 12,1.12,1.14,5 b) f = 146 c) 0,83	160 **135** 113
221	2/5700	l = 25,1 b = 12,1 h = 6,6	3,625 *3,916*	3,481 *3,918*	r = 1,813 s = 2,454 $\mathfrak{d}$ = 0,739 $\mathfrak{u}$ = 0,261	1,920	*7,5* a) 13,2 b) 24,0	0,9	a) 12,1.12,1.14,3 b) f = 146 c) 0,84	259 **227** 175
222	2/5718	l = 25,3 b = 12,0 h = 6,3	3,330	3,227	—	—	—	—	a) 12,2.12,0.14,0 b) f = 146 c) 0,86	202 **183** 156
223	2/5749	l = 25,1 b = 12,1 h = 6,8	3,575	3,507	—	—	—	—	a) 12,1.12,1.14,6 b) f = 146 c) 0,82	197 **141** 113
224	2/5752	l = 25,1 b = 12,1 h = 6,6	3,579	3,486	—	—	—	—	a) 12,1.12,1.14,3 b) f = 146 c) 0,84	124 **99** 83
225	2/5765	l = 21,5 b = 10,2 h = 7,0	2,837 *3,088*	2,760 *3,115*	r = 1,847 s = 2,586 $\mathfrak{d}$ = 0,714 $\mathfrak{u}$ = 0,286	1,494	*10,3* a) 13,0 b) 24,0	0,8	a) 10,3.10,2.15,0 b) f = 105 c) 0,67	167 **141** 113
226	Paul Schulz, Steinsetzmeister, Gostyn (Posen)	l = 25,2 b = 12,1 h = 6,6	3,661 *3,969*	3,475 *4,002*	r = 1,760 s = 2,553 $\mathfrak{d}$ = 0,689 $\mathfrak{u}$ = 0,311	1,974	*12,0* a) 14,4 b) 25,4	0,8	a) 12,1.12,1.14,5 b) f = 146 c) 0,83	206 **181** 161
227	Anker Hartsteinwerke, W. Michel, Kalkberge	l = 25,1 b = 12,0 h = 6,8	3,754 *4,095*	3,623 *4,114*	—	—	—	—	a) 12,1.12,0.14,6 b) f = 145 c) 0,82	205 **167** 126

12	13	14	15								
keit			Angaben des Antragstellers								
wassersatt kg/qcm	nach 25-maligem Gefrieren kg/qcm	Gehalt an löslicher Kieselsäure %	Herstellungsverfahren	Art der Rohstoffe (Kalk und Sand), Art der Aufbereitung. Art des Löschens des Kalkes	Art des Mischens der Rohstoffe	Wie und wie lange lagert das Gemisch und welche Wärme hat es?	Art der Steinpresse	Dauer der Lagerung der Preßlinge vor dem Einbringen an die Härtestelle	Dauer der Lagerung im Kessel und Höhe der Dampfspannung Atm.	Art der Behandlung nach der Entnahme aus dem Kessel	Verwendungszweck
—	—	—	—	—	—	—	—	—	—	—	—
312 **272** 232	316 **277** 232	8,68	—	—	—	—	—	—	—	—	—
—	—	—	—	—	—	—	—	—	—	—	—
—	—	—	—	—	—	—	—	—	—	—	—
—	—	—	—	—	—	—	—	—	—	—	—
174 **131** 96	163 **134** 93	6,49	—	—	—	—	—	—	—	—	—
185 **150** 117	160 **139** 107	5,56	Trommellöschverfahren.	Kauffunger Kalk aus Niederschlesien; in Trommeln zu Pulver gelöscht Bergsand, rein; im Gewinnungszustand, nach Durchgang durch ein Trommelsieb.	1 Kalk: 2 Sand. Raumteile Trommelsieb u. Kollergang.	Sofort verarbeitet.	Kahlsche Presse.	4—6 Std. nach dem Pressen.	8—10 Std. unter 8 Atm.	Teils gelagert, teils sofort verbraucht.	Zu Wohnhäusern, Stallungen, Scheunen usw.
179 **132** 97	153 **130** 97	—	Halb Silo-, halb Mischtrommelverfahren.	Rüdersdorfer Kalk; gemahlener Ätzkalk, in der Trommel gelöscht. Sand im Gewinnungszustand.	Gewichtsteile. Mischmaschine.	Nicht gelagert.	Rotations-Steinpresse; System Speyerer.	Sofort in die Kessel.	10 Std. unter 8-8 $^1/_2$ Atm.	Sogleich verwendet.	Zu Häuser- u. Tunnelbauten.

Tabelle 2 (Fortsetzung).

1	2	3	4	5	6	7	8	9	10	11
Lfd. Nr.	Antragsteller; Herkunft der Steine.	Abmessungen der Steine Länge, Breite, Höhe in cm	Mittleres Gewicht der Steine im Anlieferungslufttrockenen Zustande kg	trockenen Zustande G kg	Raumgewicht r, Spezifisches Gewicht s, $\mathfrak{d} = \frac{r}{s}$ $\mathfrak{u} = 1 - \mathfrak{d}$	Rauminhalt der Steine $J = \frac{G}{r}$ l	Wasseraufnahme a) Gewichtsprozent W_g b) Raumprozent $W_r = \frac{r.(G_1 - G).100}{G}$ %	Grad der Porenfüllung $\mathfrak{u}_{\mathfrak{w}} = \frac{W_r}{\mathfrak{u}.100}$	Druckfestig- a) Abmessungen der Versuchsstücke in cm b) Gedrückte Fläche f in qcm c) $\frac{\sqrt{f}}{h}$	trocken kg/qcm
227a	Berlin-Woltersdorfer Hartsteinwerke, G. m. b. H., Berlin W. 8	l = 25,0 b = 11,8 h = 6,6	3,477 *3,855*	3,398 *3,886*	r = 1,814 s = 2,564 $\mathfrak{d}$ = 0,707 $\mathfrak{u}$ = 0,293	1,873	*13,4* a) 14,5 b) 26,3	0,9	a) 12,1 . 11,8 . 14,4 b) f = 143 c) 0,76	180 **156** 143
228	2/5819	l = 25,1 b = 12,1 h = 6,5	3,527	3,453	—	—	—	—	a) 12,1 . 12,1 . 14,7 b) f = 146 c) 0,82	162 **141** 132
229	Schneidemühler Kalkwerke, G. m. b. H., Schneidemühl	l = 25,1 b = 11,9 h = 6,5	3,792 *4,145*	3,719 *4,153*	r = 1,938 s = 2,609 $\mathfrak{d}$ = 0,743 $\mathfrak{u}$ = 0,257	1,919	*8,8* a) 11,8 b) 22,8	0,9	a) 12,1 . 11,9 . 14,2 b) f = 144 c) 0,85	211 **198** 182
230	2/5825	l = 23,1 b = 11,0 h = 7,1	3,080	2,997	—	—	—	—	a) 11,1 . 11,0 . 15,3 b) f = 122 c) 0,72	169 **148** 128
231	Königsberger Hartsteinwerke, Emil Jesse, Königsberg i. Pr.	l = 25,1 b = 12,1 h = 6,5	3,381	3,299	r = 1,743 s = 2,564 $\mathfrak{d}$ = 0,680 $\mathfrak{u}$ = 0,320	1,893	a) 16,3 b) 28,5	0,9	a) 12,1 . 12,1 . 14,3 b) f = 146 c) 0,84	165 **145** 131
232	2/5854	l = 21,6 b = 10,3 h = 7,1	3,084	3,018	—	—	—	—	a) 10,3 . 10,3 . 15,0 b) f = 106 c) 0,67	143 **119** 103

12	13	14	15								
keit			Angaben des Antragstellers								
wassersatt kg/qcm	nach 25-maligem Gefrieren kg/qcm	Gehalt an löslicher Kieselsäure %	Herstellungsverfahren	Art der Rohstoffe (Kalk und Sand), Art der Aufbereitung. Art des Löschens des Kalkes	Art des Mischens der Rohstoffe	Wie und wie lange lagert das Gemisch und welche Wärme hat es?	Art der Steinpresse	Dauer der Lagerung der Preßlinge vor dem Einbringen an die Härtestelle	Dauer der Lagerung im Kessel und Höhe der Dampfspannung Atm.	Art der Behandlung nach der Entnahme aus dem Kessel	Verwendungszweck
143 **119** 106	146 **130** 105	6,33	Hydratverfahren.	Walbecker Kalk (83,24% Ätzkalk); zu Pulver gelöscht. Quarzsand verschiedener Korngröße, im Gewinnungszustand.	3 Rtl. Sand u. 1 Rtl. Kalkpulver; Mischmaschine mit kontinuierlichem Betrieb bis zum Pressen.	Sofort verpreßt.	Rotierende Tischpresse.	Sofort in die Kessel.	10 Std. unter 8 Atm.	Je nach Bedarf gelagert oder sofort verwendet.	Zu Bauzwecken aller Art.
—	—	—	—	—	—	—	—	—	—	—	—
193 **170** 142	182 **171** 163	6,59	Hochdruckverfahren	Kalk aus Gogolin i. Schl.; gemahlener Ätzkalk, im Härtekessel gelöscht. Sand, weißlich-gelb, feinkörnig, scharf; ungetrocknet, gesiebt.	200 kg Kalk, auf $2\frac{1}{2}$ cbm Sand. Mischmaschine.	6 Std. im Silo, etwa 35° C.	Dorstener Steinpresse.	Sofort in die Kessel.	10 Std., davon 8 Std. unter 8 Atm.	Meist sofort verladen.	Zu allen Hoch- u. Wasserbauten.
—	—	—	Siloverfahren.	Hydraulischer Kalk aus Lengerich i. W., zu Ätzkalk gemahlen. Sand feinkörnig, rein; grob gesiebt.	225 kg Kalk auf 1000 Steine.	24 Std. im Silo, 40—45° C.	Revolverpresse von Röhrig & König; Fallpresse von Polysius.	Sofort in die Kessel.	8—10 Std. unter $8\frac{1}{2}$ Atm.	Teils gelagert, teils verladen.	Zum Bau von Wohnhäusern.
—	—	—	Hochdruckverfahren.	Kalkbruch Hansdorf i. Posen; zu Pulver gelöscht. Sand gemischtkörnig, rein; ungetrocknet, gesiebt.	6,5 hl Kalkpulver, 2 cbm Sand. Mischmaschine.	Nicht gelagert.	Tischpresse.	Sofort in die Kessel.	10 Std. unter 8 Atm.	Meist sofort verwendet.	Als Vor- u. Hintermauerungssteine.
—	—	—	—	—	—	—	—	—	—	—	—

Tabelle 2 (Fortsetzung).

1	2	3	4	5	6	7	8	9	10	11
Lfd. Nr.	Antragsteller; Herkunft der Steine.	Abmessungen der Steine Länge, Breite, Höhe } in cm	Mittleres Gewicht der Steine im Anlieferungs- (lufttrockenen) Zustande kg	trockenen Zustande G kg	Raumgewicht r, Spezifisches Gewicht s, $\mathfrak{d} = \frac{r}{s}$ $u = 1 - \mathfrak{d}$	Rauminhalt der Steine $J = \frac{G}{r}$ l	Wasseraufnahme a) Gewichtsprozent W_g b) Raumprozent $W_r = \frac{r.(G_1 - G).100}{G}$ %	Grad der Porenfüllung $u_w = \frac{W_r}{u.100}$	Druckfestig- a) Abmessungen der Versuchsstücke in cm b) Gedrückte Fläche f in qcm c) $\frac{\sqrt{f}}{h}$	trocken kg/qcm
233	2/5891 a	l = 25,2 b = 12,1 h = 6,5	3,611	3,558	—	—	—	—	a) 12,2.12,1.15,0 b) f = 148 c) 0,80	142 **125** 106
234	2/5891 b	l = 25,4 b = 12,1 h = 6,6	3,877	3,812	—	—	—	—	a) 12,2.12,1.15,0 b) f = 148 c) 0,80	139 **122** 110
235	2/5912	l = 25,1 b = 12,0 h = 5,9	3,209 *3,639*	3,146 *3,658*	r = 1,739 s = 2,592 $\mathfrak{d}$ = 0,671 u = 0,329	1,809	*11,6* a) 15,6 b) 27,1	0,8	a) 12,1.12,0.13,4 b) f = 145 c) 0,90	147 **128** 77
236	Bremer Hartsteinwerke, G. m. b. H., Lesum bei Bremen	l = 25,3 b = 11,9 h = 6,7	3,646 *4,036*	3,460 *4,081*	r = 1,738 s = 2,521 $\mathfrak{d}$ = 0,689 u = 0,311	1,991	*14,0* a) 15,2 b) 26,5	0,9	a) 12,1.11,9.14,3 b) f = 144 c) 0,84	259 **216** 144
237	2/5947	l = 25,2 b = 12,1 h = 6,5	3,786 *4,078*	3,620 *4,113*	r = 1,784 s = 2,500 $\mathfrak{d}$ = 0,714 u = 0,286	2,029	*11,6* a) 13,0 b) 23,1	0,8	a) 12,2.12,1.14,4 b) f = 148 c) 0,83	275 **258** 242
238	2/5956	l = 21,6 b = 10,3 h = 7,2	3,117	3,046	—	—	—	—	a) 10,4.10,3.15,3 b) f = 107 c) 0,65	303 **265** 214
239	2/6017	l = 25,0 b = 12,0 h = 6,6	3,298	3,133	r = 1,626 s = 2,500 $\mathfrak{d}$ = 0,650 u = 0,350	—	—	—	a) 12,1.12,0.14,2 b) f = 145 c) 0,85	199 **137** 102
240	Kies- und Sandsteinwerke Thyrow, Paul Winkler, Thyrow bei Trebbin	l = 25,1 b = 12,0 h = 6,6	3,584 *3,987*	3,473 *4,000*	r = 1,721 s = 2,570 $\mathfrak{d}$ = 0,670 u = 0,330	2,018	*15,2* a) 17,4 b) 30,0	0,8	a) 12,2.12,0.14,5 b) f = 146 c) 0,83	179 **151** 110

12	13	14	15								
keit			Angaben des Antragstellers								
wassersatt kg/qcm	nach 25-maligem Gefrieren kg/qcm	Gehalt an löslicher Kieselsäure %	Herstellungsverfahren	Art der Rohstoffe (Kalk und Sand), Art der Aufbereitung. Art des Löschens des Kalkes	Art des Mischens der Rohstoffe	Wie und wie lange lagert das Gemisch und welche Wärme hat es?	Art der Steinpresse	Dauer der Lagerung der Preßlinge vor dem Einbringen an die Härtestelle	Dauer der Lagerung im Kessel und Höhe der Dampfspannung Atm.	Art der Behandlung nach der Entnahme aus dem Kessel	Verwendungszweck
—	—	—	Ätzkalkverfahren mit Silolagerung.	Lausitzer Fettkalk, im Ringofen gebrannt; gemahlener Ätzkalk, im Silo gelöscht. Sand gesiebt, sonst im Urzustande.	Raumteile; etwa 6% Ätzkalk im ungelöschten Gemenge. Kollergang.	24 Std. im Silo. Luftwärme.	Maschinenpresse.	Sofort in die Kessel.	Etwa 12 Std. unter 8 Atm.	—	-
—	—	—									
131 **100** 53	111 **96** 57	2,98	Siloverfahren.	Kalk aus Steudnitz i. S.; gemahlener Ätzkalk. Sand ziemlich fein u. rein.	6% Kalk. Dorstener Mischmaschine	24 Std. im Silo, etwa 50° C.	Dorstener Fallsteinpresse.	Sofort in die Kessel.	Etwa 18 Std., davon 8 Std. unter 8 Atm.	Sofort zum Lager.	Zu Bauten: als gewöhnliche Ziegel.
206 **162** 99	204 **171** 116	4,35	Ätzkalkverfahren: Heißaufbereitung, Löschung mit Dampf und Wasser.	Mendener Kalk 93–94% Kalk; gemahlener Ätzkalk, beim Mischen mit Sand gelöscht. Gewachsener Grubensand, fein- bis grobkörnig, gemischt; im Gewinnungszustand.	Gewichtteile. 93–94% Sand, 6–7% Kalk, in der Heißaufbereitungsmaschine gemischt u. gelöscht; Chargenbehandlung etwa 30 Min.	Nein. 50–60° C.	Brücksche liegende Presse.	Sofort in die Kessel.	Etwa 14 Std., davon 10–11 Std. unter 8½–9 Atm.	Teils gelagert, teils sofort verwendet.	Als Ersatz für Ia. Hintermauerungssteine, teils auch als Blender, Trottoirsteine usw.
232 **219** 203	239 **223** 196	5,67	—	—	—	—	—	—	—	—	—
—	—	—	—	—	—	—	—	—	—	—	—
185 **124** 85	—	—	—	—	—	—	—	—	—	—	—
135 **117** 102	156 **124** 101	9,2	Siloverfahren.	Walbecker Kalk; gemahlener Ätzkalk, im Härtekessel gelöscht. Grubensand, ziemlich rein; im Gewinnungszustand.	Raumteile. Mischmaschine.	6 Std. in Silos gelagert; heiß.	Fallpresse.	Sofort in die Kessel.	8 Std. unter 8¼ Atm.	Je nach Bedarf versandt oder gelagert.	Zu allen Bauten.

Tabelle 2 (Fortsetzung).

1	2	3	4	5	6	7	8	9	10	11
Lfd. Nr.	Antragsteller; Herkunft der Steine.	Abmessungen der Steine Länge, Breite, Höhe in cm	Mittleres Gewicht der Steine im Anlieferungs- (lufttrockenen) Zustande kg	trockenen Zustande G kg	Raumgewicht r, Spezifisches Gewicht s, $b = \frac{r}{s}$ $u = 1 - b$	Rauminhalt der Steine $J = \frac{G}{r}$ l	Wasseraufnahme a) Gewichtsprozent W_g b) Raumprozent $W_r = \frac{r.(G_1 - G).100}{G}$ %	Grad der Porenfüllung $u_w = \frac{W_r}{u.100}$	Druckfestigkeit: a) Abmessungen der Versuchsstücke in cm b) Gedrückte Fläche f in qcm c) $\frac{\sqrt{f}}{h}$	trocken kg/qcm
241	2/6027	l = 25,0 b = 11,8 h = 6,5	3,575	3,476	—	—	—	—	a) 12.0.11,8.14,2 b) f = 142 c) 0.77	314 **296** 273
242	Hermann Simon, Cöpenicker Kalksandsteinfabrik Cöpenick	l = 25,0 b = 11,9 h = 6,4	3,636	3,485	—	—	—	—	a) 12,1.11,9.14,4 b) f = 144 c) 0,83	228 **174** 101
243	W. Frucht, Maurer u. Zimmermeister, Culm a. W.	l = 24,9 b = 11,7 h = 6,4	3,366 *3,865*	3,226 *3,886*	r = 1,807 s = 2,510 b = 0,720 u = 0,280	1,785	*14,4* a) 15,8 b) 28,5	1,0	a) 12,0.11,7.14,4 b) f = 140 c) 0,76	184 **156** 128
244	Pillauer Hartsteinwerk, Ab. A. Czymnek, Königsberg i. Pr.	l = 25,1 b = 11,9 h = 6,5	3,292	—	—	—	—	—	a) 12,1.11,9.14,5 b) f = 144 c) 0,83	135 **104** 58
245	Desgl.	l = 25,0 b = 11,7 h = 6,6	3,248	—	—	—	—	—	a) 12,0.11,7.14,5 b) f = 140 c) 0,76	133 **102** 86
246	2/6108	l = 23,1 b = 11,0 h = 6,6	—	—	—	—	—	—	a) 6,4.6,4.6,5 b) f = 41 c) 0.92	125 **108** 89
247	Rittergutsbesitzer Hauptmann von Schell, Kalksandsteinfabrik Nieder-Leschen, Nieder-Leschen	l = 24,9 b = 11,8 h = 6,5	3,364	3,302	—	—	—	—	a) 12,0.11,8.14,5 b) f = 142 c) 0,76	209 **191** 176

12	13	14	15								
keit			Angaben des Antragstellers								
wasser-satt kg/qcm	nach 25-maligem Gefrieren kg/qcm	Gehalt an löslicher Kieselsäure %	Herstellungsverfahren	Art der Rohstoffe (Kalk und Sand), Art der Aufbereitung. Art des Löschens des Kalkes	Art des Mischens der Rohstoffe	Wie und wie lange lagert das Gemisch und welche Wärme hat es?	Art der Steinpresse	Dauer der Lagerung der Preßlinge vor dem Einbringen an die Härtestelle	Dauer der Lagerung im Kessel und Höhe der Dampfspannung Atm.	Art der Behandlung nach der Entnahme aus dem Kessel	Verwendungszweck
—	—	—	—	—	—	—	—	—	—	—	—
—	—	—	Kalklöschtrommel	Rüdersdorfer Kalk, zu Pulver in Trommeln gelöscht. Grubensand, feinkörnig, ungetrocknet, gesiebt.	1 Kalk : 4 Sand. Raumteile. Doppelmischer.	Nein.	Revolverpresse.	45 Min. auf den Kesselwagen.	10 Std. unter 8 Atm.	Teils gelagert, teils sofort verwendet.	Zu Häuserbauten.
163 **140** 117	155 **126** 95	5,36	Hochdruckdampfverfahren	Kalk aus Gogolin i. S., im Härtekessel zu Pulver gelöscht. Grubensand im Gewinnungszustand.	Raumteile. Sieb-, Koller- u. Mischgefäß.	Nein.	Presse von Komnick, Elbing.	Bis 5 Std.	11 Std., davon 8 Std. unter 8 Atm.	Gelagert.	Zu allen Bauarbeiten.
—	—	—	Hochdruckverfahren	Gothländischer u. Schlesischer Kalk, im Härtekessel zu Pulver gelöscht. Haffsand, feinkörnig, schwach mit Lehm durchsetzt (5%); gesiebt, sonst im Gewinnungszustand.	1 Kalk : 4 Sand Raumteile Schneckenmischer.	Nein.	Kahlsche u. Komnicksche Presse.	Sofort nach Besetzung eines Wagens (725 Stck.) in die Kessel.	8 Std. unter 8 Atm.	Teils gelagert, teils verladen.	Für Hoch- u. Tiefbauten.
—		—									
—	—	—	—	—	—	—	—	—	—	—	—
—	—	—	Komnicksches Verfahren	Hansdorfer Stückkalk a. d. Gogolin-Goradzer Kalkwerken, im Härtekessel zu Pulver gelöscht. Grubensand im Gewinnungszustand.	1 Kalk : 3 Sand Raumteile.	Nein.	Pressetisch mit Dampfbetrieb von Komnick, Elbing.	Nach Aufstapelung auf Wagen sofort in die Kessel.	10 Std. unter 8 Atm.	Gelagert.	Zu allem Mauerwerk.

Tabelle 2 (Fortsetzung).

1	2	3	4	5	6	7	8	9	10	11
Lfd. Nr.	Antragsteller; Herkunft der Steine.	Abmessungen der Steine Länge, Breite, Höhe in cm	Mittleres Gewicht der Steine im Anlieferungs- (lufttrockenen) Zustande kg	Mittleres Gewicht der Steine im trockenen Zustande G kg	Raumgewicht r, Spezifisches Gewicht s, $\mathfrak{d} = \frac{r}{s}$ $\mathfrak{u} = 1 - \mathfrak{d}$	Rauminhalt der Steine $J = \frac{G}{r}$ l	Wasseraufnahme a) Gewichtsprozent W_g b) Raumprozent $W_r = \frac{r \cdot (G_1 - G) \cdot 100}{G}$ %	Grad der Porenfüllung $\mathfrak{u}_w = \frac{W_r}{\mathfrak{u} \cdot 100}$	Druckfestig- a) Abmessungen der Versuchsstücke in cm b) Gedrückte Fläche f in qcm c) $\frac{\sqrt{f}}{h}$	trocken kg/qcm
248	2/6172	l = 23,2 b = 11,0 h = 6,6	3,182 *3,481*	3,050 *3,507*	r = 1,923 s = 2,542 $\mathfrak{d}$ = 0,756 $\mathfrak{u}$ = 0,244	1,586	*9,4* a) 13,3 b) 25,7	1,0	a) 11,2.11,0.14,3 b) f = 123 c) 0,77	162 **132** 92
249	2/6263	l = 24,9 b = 11,8 h = 6,7	3,499 *3,889*	3,418 *3,929*	r = 1,816 s = 2,553 $\mathfrak{d}$ = 0,711 $\mathfrak{u}$ = 0,289	1,883	*13,4* a) 14,4 b) 26,2	0,9	a) 12,0.11,8.14,3 b) f = 142 c) 0,77	168 **145** 102
250	2/6265 b	l = 25,1 b = 12,0 h = 6,5	3,674	3,508	—	—	—	—	a) 12,2.12,0.14,5 b) f = 146 c) 0,83	182 **166** 127
251	2/6276 a	l = 25,0 b = 11,9 h = 6,6	3,539	3,364	—	—	—	—	a) 12,1.11,9.14,4 b) f = 144 c) 0,83	206 **190** 158
252	2/6276 b	l = 25,0 b = 11,9 h = 6,6	3,421	3,267	—	—	—	—	a) 12,1.11,9.14,4 b) f = 144 c) 0,83	226 **176** 125
253	—	l = 25,0 b = 12,0 h = 6,6	3,886 *4,157*	3,787 *4,185*	r = 1,942 s = 2,586 $\mathfrak{d}$ = 0,751 $\mathfrak{u}$ = 0,249	1,950	*7,8* a) 10,9 b) 21,3	0,9	a) 12,1.12,0.14,5 b) f = 145 c) 0,83	127 **111** 99
254	Ursprungsangabe nicht gestattet	l = 25,0 b = 12,0 h = 6,6	3,244 *3,751*	3,159 *3,798*	r = 1,640 s = 2,575 $\mathfrak{d}$ = 0,637 $\mathfrak{u}$ = 0,363	1,926	*19,0* a) 20,2 b) 33,0	0,9	a) 12,1.12,0.14,0 b) f = 145 c) 0,86	164 **128** 99
255	Ursprungsangabe nicht gestattet	l = 24,9 b = 11,8 h = 6,4	3,433 *3,751*	3,304 *3,798*	r = 1,844 s = 2,575 $\mathfrak{d}$ = 0,716 $\mathfrak{u}$ = 0,284	1,792	*11,5* a) 13,0 b) 24,1	0,8	a) 12,2.11,7.13,7 b) f = 143 c) 0,80	221 **181** 146

12	13	14	15								
keit			Angaben des Antragstellers								
wassersatt kg/qcm	nach 25-maligem Gefrieren kg/qcm	Gehalt an löslicher Kieselsäure %	Herstellungsverfahren	Art der Rohstoffe (Kalk und Sand), Art der Aufbereitung. Art des Löschens des Kalkes	Art des Mischens der Rohstoffe	Wie und wie lange lagert das Gemisch und welche Wärme hat es?	Art der Steinpresse	Dauer der Lagerung der Preßlinge vor dem Einbringen an die Härtestelle	Dauer der Lagerung im Kessel und Höhe der Dampfspannung Atm.	Art der Behandlung nach der Entnahme aus dem Kessel	Verwendungszweck
133 **96** 62	110 **92** 64	4,53	—	—	—	—	—	—	—	—	—
142 **128** 112	141 **118** 80	5,17	—	—	—	—	—	—	—	—	—
—	—	—	—	—	—	—	—	—	—	—	—
—	—	—	—	—	—	—	—	—	—	—	—
—	—	—	—	—	—	—	—	—	—	—	—
103 **90** 75	84 **78** 66	5,45	—	—	—	—	—	—	—	—	—
131 **115** 104	124 **100** 79	5,27	Silo-verfahren	Harzer Kalk aus Elbingerode u. Weferlingen, zu Ätzkalkpulver gemahlen. Grubensand, mittelscharf, gesiebt, sonst im Gewinnungszustande.	200 kg Kalk auf 1000 Steine Mischtrommel (10 Min.) u. Kollergang.	10 Std. im Silo. Etwa + 40° C.	Drehtischpresse von Röhrig & König, Magdeburg.	1—5 Std. auf den Wagen.	10 Std. unter 8 Atm.	Je nach Bedarf gelagert oder sofort versandt.	Zu Hochbauten.
189 **166** 149	186 **162** 145	7,99	Kalklöschverfahren	Setzdorfer Kalk aus Setzdorf (Böhmen), im Härtekessel zu Pulver gelöscht. Quarzsand, gelb, ziemlich grob, im Gewinnungszustande.	4 Sand: 1 Kalk Raumteile. Kollergang.	Sofort verarbeitet.	Kalksandsteinpresse Nr. 2 der Elbinger Maschinenfabrik F. Komnick vorm. H. Hotop in Elbing.	Die Steinwagen kommen nach Füllung sofort in die Härtekessel, die geschlossen werden, sobald 7 Wagen eingefahren sind.	9—10 Std. unter 8 Atm.	Sofort verladen.	Zu allen Arten von Bauten.

Die schräg gedruckten Zahlen in Spalte 4 und 5 bedeuten das Gewicht der wassergetränkten Steine vor und nach der 25 maligen Frostbeanspruchung, die schräggedruckten Worte in Spalte 8 die Wasseraufnahme nach 24 Stunden Lagerung im Wasser in % des Trockengewichts. Diese Angabe ist von Wert, weil gerade die anfängliche Wasseraufnahme praktische Bedeutung hat.

Von der Wiedergabe der Beobachtungen über Gefüge, Bruch und Farbe ist Abstand genommen worden, weil sich die Kalksandsteine verschiedener Herkunft hierin wenig unterscheiden. Die Steine haben im wesentlichen fein- bis mittelkörniges Gefüge, unebenen rauhen, teils etwas bröckeligen Bruch und hell- bis dunkelgraue Farbe.

Die Angaben der Antragsteller über die verwendeten Rohstoffe, die Art der Erzeugung der Steine, sowie über deren Behandlung und Verwendungszweck sind in Spalte 15 wiedergegeben.

Den Auskunftserteilern sei für die gemachten Mitteilungen an dieser Stelle verbindlichster Dank ausgesprochen.

Um ein anschauliches Bild von den Eigenschaften der verschiedenen Kalksandsteinsorten zu gewinnen, sind in Tabelle 3 die Durchschnittswerte der Materialeigenschaften von 100 Kalksandsteinsorten, nach steigender Druckfestigkeit (trocken) geordnet, zusammengestellt, und zwar sind hierzu solche Sorten beliebig ausgewählt, die auf Druckfestigkeit in den d r e i Zuständen (trocken, wassersatt und nach 25-maligem Gefrieren) geprüft worden sind. Zur leichteren Übersicht sind die Werte für Raumgewicht, spezifisches Gewicht, Undichtigkeitsgrad, Wasseraufnahme (in Gewichts- und Raumprozenten), Gehalt an löslicher Kieselsäure und Druckfestigkeit (trocken, wassersatt und ausgefroren) in Fig. 7 zum Schaubilde aufgetragen.

Um den Einfluß der Wasseraufnahme und des Gefrierens auf die Druckfestigkeit der Steine dem Grade nach erkennen zu lassen, sind in den Spalten 15 und 16 der Tab. 3 die durch diese Beanspruchungen hervorgerufenen Festigkeitsveränderungen durch die Verhältniszahlen, bezogen auf die Trockenfestigkeit, dargestellt. Die Häufigkeit der Abweichungen, bezogen auf 100 Fälle, ist für die Eigenschaften u, W_g, u_w, SiO_2-Gehalt, σ_{-Bt} und für die Festigkeitsverluste durch Wasser und Frost nach Tab. 3 in Fig. 8 aufgezeichnet.

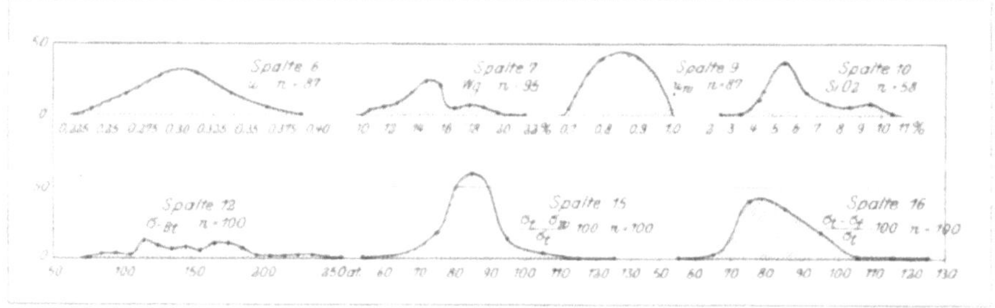

Fig. 8.

Häufigkeit der Abweichungen, bezogen auf 100 Fälle, für u, W_g, u_w, SiO_2 = Gehalt, σ_{-Bt}, $\frac{\sigma_{-Bt} - \sigma_{-Bw}}{\sigma_{-Bt}}$ und $\frac{\sigma_{-Bt} - \sigma_{-Bf}}{\sigma_{-Bt}} \cdot 100$ nach Tab. 3.

Wie aus dem Vergleich der Werte in Tab. 3 und dem Verlauf der Schaulinien (Fig. 7) ersichtlich ist, bestehen wohl, wie zu erwarten war, gesetzmäßige Beziehungen zwischen Dichtigkeitsgrad und der Wasseraufnahme; die diese Eigenschaften darstellenden Linienzüge verlaufen nahezu parallel. Dichtigkeitsgrad und

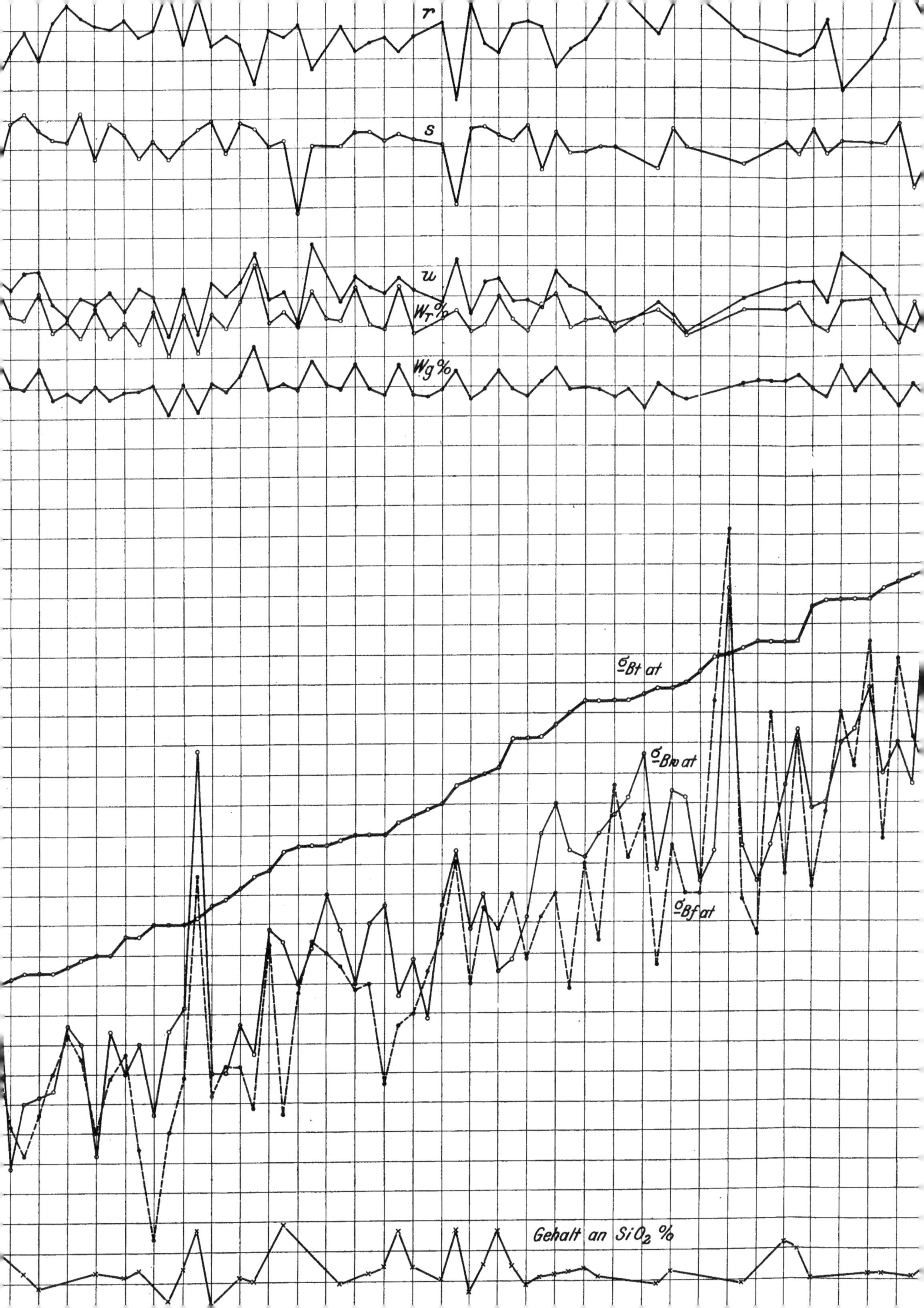
r
s
u
W_T %
W_g %
σ_{Bt} at
σ_{Bw} at
σ_{Bf} at
Gehalt an SiO_2 %

Tab. 3. Zusammenstellung der Mittelwerte von 100 Kalksandsteinsorten nach Tab. 2.

1	2	3	4	5	6	7	8	9	10	11	12	13	14	15	16
Nr.	Lfd. Nr. der Tab. 2	r	s	𝔡	𝔲	Wasseraufnahme W_g Gewichts-%	W_r Raum-%	Grad der Porenfüllung $\mathfrak{u}_w$	Gehalt an löslicher Kieselsäure %	$\frac{\sqrt{f}}{h}$	Druckfestigkeit Spannung kg/qcm trocken σ-Bt	wassersatt σ-Bw	nach dem Gefrieren σ-Bf	Festigkeitsverlust Verhältniszahlen $\frac{\sigma\text{-Bt}-\sigma\text{-Bw}}{\sigma\text{-Bt}} \cdot 100$	$\frac{\sigma\text{-Bt}-\sigma\text{-Bf}}{\sigma\text{-Bt}} \cdot 100$
1	153	1,82$_1$	2,55$_3$	0,71$_3$	0,28$_7$	14,2	25,9	0,9	4,42	0,83	**78**	58	63	74	81
2	62	1,89$_3$	2,55$_3$	0,74$_1$	0,25$_9$	16,2	30,5	1,0	5,48	0,80	**81**	65	75	80	93
3	73	1,71$_2$	2,54$_2$	0,67$_3$	0,32$_7$	17,4	29,8	0,9	7,01	0,77	**85**	70	68	82	80
4	96	1,64$_9$	2,52$_1$	0,65$_4$	0,34$_6$	18,7	30,7	0,9	—	0,79	**88**	84	83	95	94
5	82	1,79$_6$	2,57$_5$	0,69$_7$	0,30$_3$	13,7	24,5	0,8	—	0,80	**90**	74	71	82	79
6	87	1,68$_1$	2,48$_5$	0,67$_6$	0,32$_4$	17,7	29,8	0,9	6,72	0,77	**94**	78	71	83	75
7	99	1,73$_2$	2,57$_5$	0,67$_3$	0,32$_7$	15,2	26,4	0,8	—	0,72	**96**	83	85	86	88
8	50	1,82$_1$	2,58$_1$	0,70$_6$	0,29$_4$	12,6	24,7	0,8	—	0,81	**97**	86	73	89	75
9	90	1,64$_6$	2,60$_9$	0,63$_1$	0,36$_9$	18,4	30,2	0,8	—	0,80	**105**	92	89	88	85
10	75	—	—	—	—	10,2	—	—	—	0,81	**108**	95	92	88	85
1	67	1,74$_3$	2,52$_9$	0,68$_9$	0,31$_1$	15,9	27,6	0,9	—	0,77	**109**	93	102	85	94
2	97	1,85$_7$	2,56$_4$	0,72$_4$	0,27$_6$	13,2	24,3	0,9	—	0,70	**110**	90	78	82	71
3	48	1,90$_3$	2,57$_3$	0,74$_0$	0.26$_0$	10,3	19,6	0,8	—	0,79	**110**	94	84	85	76
4	94	1,62$_7$	2,54$_8$	0,63$_9$	0,36$_1$	19 6	31,6	0,9	—	0,72	**114**	108	101	95	89
5	100	1,82$_9$	2,61$_5$	0,69$_9$	0,30$_1$	12,5	22,9	0,8	—	0,78	**115**	100	124	87	92
6	44	1,69$_6$	2,54$_2$	0,66$_7$	0,33$_3$	17,1	28,9	0,9	—	0,84	**115**	94	73	82	63
7	150	1,63$_3$	2,50$_5$	0,65$_2$	0.34$_8$	20,7	33,8	1,0	7,88	0,82	**115**	124	104	108	90
8	105	1,72$_4$	2,59$_2$	0,66$_5$	0,33$_5$	15,6	26,9	0,8	—	0,78	**116**	84	91	72	78
9	157	1,79$_2$	2,60$_9$	0,68$_7$	0,31$_3$	14,9	26,6	0,8	5,90	0,82	**117**	95	86	81	73
20	158	1,69$_7$	2,58$_1$	0,65$_7$	0,34$_3$	18,2	30,8	0,9	4,60	0,85	**117**	96	93	82	79
1	60	1,82$_0$	2,56$_6$	0,70$_9$	0.29$_1$	13,3	24,1	0,8	—	0,80	**117**	97	100	83	85
2	59	1,87$_6$	2,55$_9$	0,73$_3$	0,26$_7$	14,1	26,4	1,0	—	0,80	**118**	108	107	91	91
3	102	1,83$_7$	2,61$_5$	0,70$_2$	0,29$_8$	12,7	23,4	0,8	—	0,83	**119**	105	105	88	88
4	215	1,81$_2$	2,52$_1$	0,71$_9$	0,28$_1$	15,4	27,9	1,0	5,85	0,76	**120**	86	90	72	75
5	101	1,80$_3$	2,61$_5$	0,68$_9$	0,31$_1$	13,2	23,8	0,8	—	0,83	**120**	107	99	89	82
6	169	1,82$_8$	2,53$_2$	0,72$_2$	0,27$_8$	14,1	25,8	0,9	5,48	0,83	**123**	100	103	81	84
7	133	1,77$_6$	2,59$_2$	0,68$_5$	0,31$_5$	14,3	22,4	0,7	5,92	0,83	**123**	105	87	85	71
8	42	1,79$_5$	2,57$_2$	0,69$_8$	0,30$_2$	15,4	27,6	0,9	—	0,81	**125**	93	72	74	58
9	57	1,93$_1$	2,53$_2$	0,76$_3$	0,23$_7$	10,6	20,1	0,8	3,46	0,81	**125**	107	90	86	72
30	110	1,75$_4$	2,56$_4$	0,68$_4$	0,31$_6$	15,5	27,2	0,9	9,07	0,82	**125**	111	109	89	87
1	65	1,89$_9$	2,58$_1$	0,73$_6$	0,26$_4$	10,9	20,8	0,8	7,44	0,80	**126**	154	133	122	106
2	235	1,73$_9$	2,59$_2$	0,67$_6$	0,32$_4$	15,6	27,1	0,8	2,98	0,90	**128**	100	96	78	75
3	85	1,77$_5$	2,54$_2$	0,69$_8$	0,30$_2$	14,0	24,7	0,8	—	0,71	**129**	100	101	77	78
4	135	1,74$_5$	2,59$_2$	0,67$_3$	0,32$_7$	16,8	29,4	0,9	5,40	0,67	**131**	108	101	82	77
5	176	1,61$_9$	2,58$_1$	0,62$_7$	0,37$_3$	21,8	35,3	0,9	5,00	0,83	**133**	103	94	77	71
6	54	1,79$_2$	2,55$_3$	0,70$_2$	0,29$_8$	14,5	25,9	0,9	—	0,81	**134**	124	123	92	92
7	116	1,77$_4$	2,56$_4$	0,69$_2$	0,30$_8$	15,5	27,5	0,9	9,73	0,81	**137**	122	93	89	68
8	39	1,81$_4$	2,43$_9$	0,74$_4$	0,25$_6$	14,3	25,8	1,0	—	0,80	**138**	115	116	83	84
9	33	1,56$_7$	2,55$_3$	0,61$_4$	0,38$_6$	19,8	31,0	0,8	—	0,85	**138**	121	122	88	88
40	207	—	—	—	—	15,3	26,3	—	—	0,83	**138**	130	120	94	87
1	143	1,80$_9$	2,55$_3$	0,70$_0$	0,29$_1$	14,4	26,0	0,9	4,82	0,75	**139**	124	118	89	85
2	115	1,72$_1$	2,57$_5$	0,66$_8$	0,33$_2$	18,3	31,5	0,9	—	0,80	**140**	115	115	82	82
3	104	1,75$_3$	2,57$_5$	0,68$_1$	0,31$_9$	14,4	25,3	0,8	5,58	0,79	**140**	125	120	89	86
4	128	1,77$_1$	2,55$_9$	0,69$_2$	0,30$_8$	13,9	24,6	0,8	6,26	0,80	**140**	128	98	91	70
5	72	1,71$_9$	2,57$_0$	0,66$_9$	0,33$_1$	18,5	31,7	1,0	9,12	0,77	**142**	113	103	80	72
6	147	1,77$_0$	2,56$_4$	0,69$_0$	0,31$_0$	13,5	23,8	0,8	6,40	0,82	**143**	119	105	83	73
7	98	—	—	—	—	13,3	—	—	—	0,75	**144**	109	112	76	78
8	249	1,81$_6$	2,55$_3$	0,71$_1$	0,28$_9$	14,4	26,2	0,9	5,17	0,77	**145**	128	118	88	81
9	123	1,56$_4$	2,45$_4$	0,63$_7$	0,36$_3$	17,5	27,4	0,8	9,33	0,80	**148**	137	136	93	92
50	193	1,87$_8$	2,58$_1$	0,72$_8$	0,27$_2$	12,8	24,1	0,9	4,20	0,81	**149**	124	110	83	74
1	132	1,74$_9$	2,58$_6$	0,67$_6$	0,32$_4$	14,5	25,2	0,8	6,99	0,80	**150**	130	130	87	87
2	240	1,72$_1$	2,57$_0$	0,67$_0$	0,33$_0$	17,4	30.0	0,9	9,20	0,83	**151**	117	124	78	82
3	227	1,81$_4$	2,56$_4$	0,70$_7$	0,29$_3$	14,5	26,3	0,9	6,33	0,76	**156**	119	130	76	83

Tabelle 3 (Fortsetzung).

1	2	3	4	5	6	7	8	9	10	11	12	13	14	15	16
						Wasseraufnahme					Druckfestigkeit			Festigkeitsverlust	
											Spannung kg/qcm			Verhältniszahlen	
Nr.	Lfd. Nr. der Tab. 2	r	s	$\mathfrak{d}$	$\mathfrak{u}$	W_g Gewichts-%	W_r Raum-%	Grad der Porenfüllung $\mathfrak{u}_w$	Gehalt an löslicher Kieselsäure %	$\frac{\sqrt{f}}{h}$	trocken σ-Bt	wassersatt σ-Bw	nach dem Gefrieren σ-Bf	$\frac{\sigma\text{-Bt}-\sigma\text{-Bw}}{\sigma\text{-Bt}}.100$	$\frac{\sigma\text{-Bt}-\sigma\text{-Bf}}{\sigma\text{-Bt}}.100$
54	112	$1,82_4$	$2,58_6$	$0,70_5$	$0,29_5$	13,3	24,2	0,8	4,70	0,82	**156**	126	119	81	76
5	243	$1,80_7$	$2,51_0$	$0,72_0$	$0,28_0$	15,8	28,5	1,0	5,36	0,76	**156**	140	126	90	81
6	174	$1,68_2$	$2,57_5$	$0,65_3$	$0,34_7$	18,0	30,3	0,9	5,50	0,83	**158**	145	130	92	82
7	84	$1,73_3$	$2,53_7$	$0,68_3$	$0,31_7$	14,4	24,9	0,8	5,73	0,77	**160**	137	114	86	71
8	170	$1,76_4$	$2,54_2$	$0,69_4$	$0,30_6$	14,7	26,0	0,8	6,10	0,75	**162**	136	135	84	83
9	180	$1,83_2$	$2,54_8$	$0,71_9$	$0,28_1$	14,4	26,4	0,9	5,30	0,76	**162**	140	122	86	75
60	58	$1,93_2$	$2,54_8$	$0,75_8$	$0,24_2$	13,2	25,4	1,0	—	0,80	**162**	143	148	88	91
1	214	—	—	—	—	14,5	—	—	—	0,85	**162**	146	136	90	84
2	93	—	—	—	—	11,9	—	—	—	0,80	**163**	153	143	94	87
3	188	$1,78_7$	$2,51_6$	$0,71_0$	$0,29_0$	15,5	27,7	1,0	4,55	0,82	**164**	134	118	82	72
4	109	$1,88_8$	$2,58_3$	$0,73_1$	$0,26_9$	13,7	25,8	1,0	5,72	0,78	**164**	147	138	90	84
5	69	$1,93_7$	$2,55_0$	$0,75_9$	$0,24_1$	12,6	24,3	1,0	—	0,83	**165**	146	130	88	79
6	227	—	—	—	—	—	—	—	—	0,82	**167**	132	130	79	78
7	204	—	—	—	—	—	—	—	—	0,76	**169**	137	157	81	93
8	95	—	—	—	—	—	—	—	—	0,83	**170**	181	191	107	112
9	201	$1,77_5$	$2,53_2$	$0,70_1$	$0,29_9$	15,6	27,8	0.9	4,71	0,76	**171**	138	128	81	75
70	141	—	—	—	—	16,0	—	—	—	0,82	**172**	132	123	77	71
1	31	—	—	—	—	16,1	—	—	—	0,83	**172**	138	160	80	93
2	118	$1,72_7$	$2,56_4$	$0,67_4$	$0,32_6$	16,0	27,6	0,8	8,37	0,81	**172**	148	138	86	80
3	144	$1,71_5$	$2,54_2$	$0,67_5$	$0,32_5$	16,8	28,8	0,9	7,74	0,83	**172**	157	156	91	91
4	183	$1,74_4$	$2,58_1$	$0,67_6$	$0,32_4$	14.7	25,6	0,8	5,10	0,75	**178**	144	131	81	74
5	76	$1,83_3$	$2,58_4$	$0,70_9$	$0,29_1$	13,3	24,3	0,8	—	0,80	**179**	145	145	81	81
6	89	$1,59_8$	$2,53_7$	$0,63_0$	$0,37_0$	18,4	29,3	0,8	—	0,79	**179**	155	160	87	89
7	52	—	—	—	—	14,4	—	—	—	0,80	**179**	157	146	88	82
8	145	$1,70_1$	$2,55_3$	$0,66_6$	$0,33_4$	17,5	29,6	0,9	5,56	0,75	**179**	164	172	92	96
9	226	$1,76_0$	$2,55_3$	$0,68_9$	$0,31_1$	14,4	25,4	0,8	5,56	0,83	**181**	150	139	83	77
80	138	$1,93_5$	$2,58_6$	$0,74_8$	$0,25_2$	11,5	22,2	0,9	—	0,86	**182**	155	169	85	93
1	177	$1,89_0$	$2,47_9$	$0,76_2$	$0,23_8$	15,2	28.7	1,0	5,26	0,81	**183**	143	156	78	85
2	30	$1,80_2$	$2,53_3$	$0,71_1$	$0,28_9$	12,5	22,5	0,8	—	0,79	**184**	187	149	102	81
3	120	$1,83_4$	$2,54_2$	$0,72_1$	$0,29_9$	12,5	20,7	0,7	7,07	0,82	**186**	155	144	83	77
4	121	—	—	—	—	—	—	—	—	0,80	**187**	158	183	84	98
5	43	1.78_0	$2,52_1$	$0,70_6$	$0,29_4$	14,5	25,8	0,9	—	0,83	**188**	164	147	87	78
6	47	$1,75_2$	$2,54_2$	$0,68_9$	$0,31_1$	15,2	26,6	0,9	6,91	0,79	**188**	191	174	102	93
7	212	$1,84_4$	$2,49_0$	$0,74_1$	$0,25_9$	11,7	21,6	0,8	7,65	0,83	**197**	194	196	98	99
8	229	$1,93_8$	$2,60_9$	$0,74_3$	$0,25_7$	11,8	22,8	0,9	6,59	0,85	**198**	170	171	86	86
9	211	$1,74_4$	$2,50_5$	$0,69_6$	$0,30_4$	15,5	26,9	0,9	5,11	0,79	**204**	163	149	80	73
90	131	—	—	—	—	—	—	—	—	0,80	**205**	183	155	89	76
1	236	$1,73_8$	$2,52_1$	$0,68_9$	$0,31_1$	15,2	26,5	0,9	4,35	0,84	**216**	162	171	75	79
2	204	$1,75_5$	2.51_6	$0,69_8$	$0,30_2$	14,0	24,6	0,8	6,00	0,83	**217**	183	185	84	85
3	184	$1,77_9$	$2,48_5$	$0,71_6$	$0,28_4$	16,5	29,3	1,0	5,40	0,82	**220**	224	220	102	100
4	221	$1,81_3$	2.45_4	$0,73_9$	$0,26_1$	13,2	24,0	0,9	8,68	0,84	**227**	272	277	120	122
5	114	$1,81_4$	$2,59_2$	$0,70_0$	$0,30_0$	11,9	21,6	0,7	6,51	0,81	**228**	174	179	76	78
6	117	$1,84_6$	$2,50_0$	$0,73_8$	$0,26_2$	13,2	24,4	0,9	8,81	0,83	**232**	229	176	99	76
7	197	$1,68_0$	$2,43_9$	$0,69_2$	$0,30_8$	16,0	27,1	0,9	4,53	0,83	**235**	207	188	88	80
8	221	$1,70_5$	$2,47_4$	$0,68_9$	$0,31_1$	14,4	24,5	0,8	6,12	0,82	**247**	208	182	84	74
9	237	$1,78_4$	$2,50_0$	$0,71_4$	$0,28_6$	13,0	23,1	0,8	5,67	0,83	**258**	219	223	85	86
100	130	$1,77_5$	$2,50_0$	$0,71_1$	$0,28_9$	11,6	20,6	0,7	10,70	0,80	**287**	257	276	89	96
Mittel	—	**1,776**[1]	**2,549**	**0,697**	**0,303**	**14,9**[2]	**26,3**	**0,9**	**6,12**	**0,80**[3]	**153**	**133**	**127**[4]	**86**	**83**

1) Das Eigengewicht der Steine schwankte { lufttrocken zwischen 3,270 und 4,022 kg; Mittel: 3,600 kg. / trocken „ 3,124 „ 3,858 „ ; „ 3,480 „

2) Die Wasseraufnahme nach 24 Stunden betrug im Mittel 13,0 % (Kleinstwert: 6,8 %; Größtwert 20,2 %).

3) Die mittleren Abmessungen (l, b und h) der Versuchsstücke betrugen im Durchschnitt aus 1000 Messungen: 12,1 . 12,0 . 14,8 cm; gedrückte Fläche = 145 qcm.

4) Die Gewichtszunahme der wassergetränkten Steine während des 25maligen Gefrierens und Auftauens schwankte zwischen 0 und 75 g; Mittel: 20 g.

Wasseraufnahme dagegen stehen in keiner Beziehung zur Druckfestigkeit, soweit man entsprechende Werte miteinander vergleichen kann. Steine mit niedriger Festigkeit haben keine geringeren Abweichungen in Dichtigkeitsgrad und Wasseraufnahme, als solche mit hoher Festigkeit. Auch bei Proben derselben Reihe ist kein Zusammenhang zwischen $\mathfrak{d}$ und $\sigma_{\cdot B}$ bei den untersuchten Steinen zu erkennen. Wie aus den Ergebnissen der zahlreichen im Amt ausgeführten Prüfungen deutlich zu ersehen ist, besteht auch keine Abhängigkeit zwischen Gewicht und Festigkeit. Proben derselben Versuchsreihe folgen in dieser Beziehung keinem Gesetz. Es wäre daher durchaus unrichtig, aus dem Gewicht ohne weiteres auf die Festigkeit Rückschlüsse zu ziehen.

Gesetzmäßige Beziehung zwischen Gehalt an löslicher Kieselsäure und Druckfestigkeit ist insofern vorhanden, als Steine mit geringerem Gehalt an SiO_2 durch das Wasser größere Einbuße an Festigkeit erleiden, als solche mit hohem Kieselsäuregehalt.

Der Einfluß von Wasser und Frost auf die Festigkeit ist regellos. Steine von geringer Festigkeit, etwa bis 150 kg/qcm (Nr. 1—50 der Tab. 3), erleiden durch Wasseraufnahme und Frostbeanspruchung im Durchschnitt keine größeren Festigkeitsverluste, als die besseren (über 150 kg/qcm). So beträgt z. B. der durch Wasseraufnahme und Gefrieren hervorgerufene mittlere Festigkeitsverlust der Steine mit weniger als 150 kg/qcm Druckfestigkeit **14,5** und **17,3**%, während die entsprechenden Verluste der Steine mit mehr als 150 kg/qcm Druckfestigkeit sich auf **12,8** und **16,7**% stellen.

Die Einwirkung des Frostes auf die Festigkeit ist im Durchschnitt etwas ungünstiger, als die des Wassers.

Wie aus Tabelle 3 hervorgeht, beträgt der mittlere Festigkeitsverlust, verursacht durch Wasseraufnahme, **14,0**% und der durch Frostbeanspruchung bewirkte im Durchschnitt **17,0**%.

Von Einfluß auf die Festigkeit ist dagegen das Alter der Steine. Kalksandsteine nehmen innerhalb gewisser Grenzen mit der Zeit an Festigkeit zu. Diese Tatsache, die z. B. in vereinzelten Fällen beobachtet werden konnte, in denen die zu einer Reihe gehörigen trockenen Proben früher geprüft wurden, als die wassersatten und ausgefrorenen Proben, und geringere Festigkeit lieferten als letztere[1]), ist durch besondere Versuche erhärtet worden.

Für eine Reihe dieser Versuche wurden frisch gehärtete Steine vom Stapel entnommen, in der üblichen Weise vorbereitet und nach 6 Wochen, 6 Monaten und 18 Monaten Lagerung unter feuchtem Sand und im Wasser der Druckprobe unterzogen. Hierbei ergaben sich im Mittel aus je zehn Versuchen folgende Werte.

	Nach 6 Wochen	6 Monaten	18 Monaten
Bei Lagerung unter feuchtem Sande:	**191** kg/qcm	**202** kg/qcm	**201** kg/qcm
„ „ in Waser:	**183** „	**185** „	**188** „

Für eine andere Reihe wurden Steine benutzt, die bereits ein Jahr im Freien (auf dem Grundstück des Amtes) gelagert hatten. Die Steine (2 Sorten) wurden zu gleicher Zeit geschnitten und abgeglichen und nach 28 Tagen und 6 Monaten Lagerung im Freien (die letzten 14 Tage im Zimmer behufs Erzielung gleichen Trockenheitszustandes) auf Druck geprüft. Im Mittel aus je 10 Versuchen betrug die ermittelte Druckfestigkeit nach

---

1) Bekanntlich liefern im allgemeinen trockene Steine höhere Festigkeiten, als wassergetränkte.

	28 Tagen	6 Monaten
Sorte 1	273 kg/qcm	313 kg/qcm (Zunahme 15%)
„ 2	147 „	171 „ („ 16%)

Eine besonders wichtige Eigenschaft der Kalksandsteine, für die die ermittelten Werte in der Tabelle 2 nicht mehr berücksichtigt werden konnten, und die deshalb getrennt zusammengestellt sind, ist das Verhalten bei der Wasseraufnahme und Wasserabgabe, d. i. die Zeitdauer, die die Steine beanspruchen, um (scheinbar) wassersatt zu werden, und diejenige, die sie beanspruchen, um bei Lagerung an der Luft (unter normalen Verhältnissen, d. i. bei 18 bis 20 °C Luftwärme und 60 bis 70% Luftfeuchtigkeit) wieder auf den ursprünglichen Zustand (lufttrocken) zu gelangen.

Diese Eigenschaften gelten neben den anderen technischen wichtigen Eigenschaften mit als Maßstab für die Güte und Brauchbarkeit der Kalksandsteine.

Nachstehende Angaben über die bei der Prüfung von Kalksandsteinen gemachten Beobachtungen geben über die genannten Eigenschaften Aufschluß; sie sind um die Beurteilung der Versuchsziffern zu erleichtern und diese wertvoller zu machen, den Ergebnissen der gleichen bei Ziegelsteinen gemachten Beobachtungen gegenübergestellt (siehe unten Tab. 6 u. Fig. 9).

Tab. 4. **Feuchtigkeitsgehalt von Kalksandsteinen beim Eintreffen.**

Mittelwerte aus je 10 Einzelversuchen.

Lfd. Nr.	Prüfungs-Nr.	Gewicht der Steine in kg		Gewichtsverlust
		beim Eintreffen	nach dem Trocknen	Verhältniszahlen; Anlieferungsgewicht = 100
1	6908	2,200	2,098	95,4
2	6963	2,188	2,139	7,8
3	6596	2,805	2,731	7,4
4	6844	2,846	2,793	8,1
5	6909	2,978	2,884	6,8
6	6618	3,027	2,959	7,8
7	6726	3,326	3,143	4,5
8	6467	3,197	3,190	9,3
9	6629	3,359	3,293	8,0
10	6812	3,437	3,308	6,3
11	6860	3,541	3,348	4,6
12	6971	3,460	3,357	7,0
13	6635	3,516	3,392	6,5
14	6828	3,545	3,466	7,8
15	6482	3,660	3,481	5,1
16	6913	3,676	3,563	6,9
17	6870	3,763	3,624	6.3
18	6442	3,857	3,717	6,4
19	6678	3,885	3,778	7,2
20	6455d	3,935	3,804	7,4
21	6455e	4,063	3,859	5,0
22	6455a	4,009	3,902	5,1
23	6455c	4,057	3,930	6,9
24	6749	4,051	3,932	7,1
25	6455b	4,112	4,008	7,5
Mittel	—	—	—	**96,7**

Die bei der Anlieferung mehr oder minder feuchten Kalksandsteine geben das hygroskopische, d. h. mechanisch fest gehaltene Wasser während der künstlichen

Trocknung (bei durchschnittlich + 60 C°) in 3—7 Tagen ab; die mittlere Trockendauer betrug **4 Tage.** Diese Dauer richtet sich in erster Linie nach dem Feuchtigkeitsgehalt der Steine selbst und dann auch nach deren Dichtigkeitsverhältnissen. Wie verschieden der Gehalt der Kalksandsteine an hygroskopischem Wasser sein kann, geht aus Tab. 4 hervor, in der die Gewichte von 25 beliebigen in letzter Zeit geprüften Kalksandsteinsorten im Anlieferungszustande und nach dem Trocknen nebst den berechneten beim Trocknen eingetretenen Gewichtsverlusten verzeichnet sind. Hiernach schwankt dieser Verlust zwischen 0,7 und 5,5 %; im Mittel beträgt er **3,3 %.**

Die Kalksandsteine beanspruchten bis zur Sättigung mit Wasser („scheinbaren Wassersättigung") eine Zeitdauer, die zwischen 3 und 11 Tagen schwankte; im Durchschnitt betrug sie **7 Tage.**

Tab. 5. **Wasseraufnahme von Ziegelsteinen und Dauer der Wasserlagerung bis zur scheinbaren Sättigung (Gewichtsgleichheit).**

Mittelwerte aus je 10 Einzelversuchen.

Lfd. Nr.	Bezeichnung und Farbe der Steine	Dauer der Trocknung Tage	Wasseraufnahme in % des Trockengewichts nach 24 Stunden	Wasseraufnahme in % des Trockengewichts nach Eintritt gleichbleibenden Gewichts	Dauer der Wasserlagerung bis zur Gewichtsgleichheit Tage	Wasseraufnahme nach 24 Stunden in % der Gesamtwasseraufnahme
1	Ziegelsteine mit 4 vertikalen Löchern; gelb	6	3,0	4,0	3	75
2	Ziegelsteine; gelb	1	3,8	4,5	5	84
3	„ bräunlich hellrot	1	7,1	7,6	4	93
4	„ braun	1	6,9	7,8	5	88
5	„ rotbraun	2	8,7	9,0	3	97
6	„ hellrot	3	6,7	9,1	5	74
7	„ blaßrot	2	6,8	9,4	11	72
8	„ braunrot	3	9,8	10,2	4	96
9	„ braunrot	1	10,0	10,2	4	98
10	„ rot	3	10.3	10,6	3	97
11	Lochziegel mit 8 vertikalen Löchern; rot	1	10,1	10,7	5	95
12	Ziegelsteine; braunrot	3	10,9	11,0	3	99
13	„ rot bis blaßrot	1	11,5	12,2	6	94
14	Lochziegel mit 8 vertikalen Löchern; gelb	1	11,7	12,3	5	95
15	Ziegelsteine; blaßrot	2	11,5	12,5	8	92
16	„ blaßrot	2	12,0	12,7	7	95
17	„ blaßrot	2	11,5	12,8	8	90
18	„ rot	1	12,1	12,9	10	94
19	„ rot	3	11,9	13,1	6	91
20	„ rot	2	12,4	13,5	8	92
21	„ braunrot	1	13,5	14,1	4	97
22	„ rot	4	13,6	14,5	8	94
23	„ blaßrot	2	14,5	15,3	4	95
24	„ gelb mit rötlichen Flecken	3	15,3	15,7	3	91
25	„ rot	1	18,3	18,9	5	92
Mittel	—	—	**10,6**	**11,4**	**5**	**91**

Tab. 6. **Trockenverlauf, Wasseraufnahme und Wasser-**

Mittelwerte aus je fünf oder zehn

Art, Form, Abmessungen und Farbe der Steine		Trocknung				Wasseraufnahme				
		beim Eintreffen	24	72	125	24	48	72	120	240
			Stunden getrocknet			Stunden unter Wasser ge-				
						Gewicht der				
Kalksandsteine (A); Normalformat; 25,0.12,0.6,5 cm; hellgrau		3,556	3,516	192 Std. 3,484	216 Std. 3,477	3,830	—	3,947	3,954	192 Std. 3,964
Kalksandsteine (B); Normalformat; 25,0.12,0.6,5 cm; hellgrau		3,552	3,524	3,524	—	4,988	—	36 Std. 4,046	4,053	144 Std. 4,053
Kalksandsteine (C); Normalformat m. Mörtelvertiefung; 25,0.12,0.6,5 cm; hellgrau		3,614	3,560	3,547	3,547	3,888	3,954	3,958	3,969	3,973
Poröse Tonsteine (D); Normalformat; 25,0.12,0.6,5 cm; rötlichgelb		2,845	2,841	2,841	—	3,318	—	96 Std. 3,353	3,362	144 Std. 3,362
Gebrannte Lehmsteine (E); Normalformat; 25,5.12,5.6,5 cm; rot		3,044	3,020	3,020	—	3,513	—	96 Std. 3,541	3,547	144 Std. 3,547
Heegermühler Klinker (F); Normalformat; 25,0.12,0.6,5 cm; gelb		3,385	3,381	3,380	3,380	3,859	3,867	3,872	3,883	3,893
Gebrannte Klinker (G); Normalformat; 25,0.12,0.6,6 cm; hellgelb		3,532	3,528	3,528	—	3,916	—	96 Std. 3,964	3,966	144 Std. 3,966
Rathenower Mauersteine (H); Normalformat; 25,0.12,0.6,5 cm; rot		3,664	3,661	3,661	—	4,176	4,186	4,189	4,197	4,203
						Menge des abgegebenen, aufgenommenen				
Kalksandsteine	A	—	—0,040	—0,072	—0,079	+0,353	—	+0,470	+0,477	+0,487
	B	—	—0,028	—0,028	—	+0,464	—	+0,522	+0,529	+0,529
	C	—	—0,054	—0,067	—0,067	+0,341	+0,407	+0,411	+0,422	+0,426
Ziegelsteine	D	—	—0,004	—0,004	—	+0,477	—	+0,512	+0,521	+0,521
	E	—	—0,024	—0,024	—	+0,493	—	+0,521	+0,527	+0,527
	F	—	—0,004	—0,005	—0,005	+0,479	+0,487	+0,492	+0,503	+0,513
	G	—	—0,004	—0,004	—	+0,388	—	+0,436	+0,438	+0,438
	H	—	—0,003	—0,003	—	+0,515	+0,525	+0,528	+0,536	+0,542
						Veränderung des Gewichts der Steine				
Kalksandsteine	A	2,3	1,1	0,2	0,0	**10,2**	—	13,5	13,7	**14,1**
	B	1,8	0,0	0,0	—	**13,2**	—	14,8	15,0	**15,0**
	C	1,9	0,4	0,0	—	**9,6**	11,5	11,6	11,9	**12,0**
Ziegelsteine	D	0,1	0,0	0,0	—	**16,8**	—	18,0	18,3	**18,8**
	E	0,8	0,0	0,0	—	**16,3**	—	17,3	17,4	**17,4**
	F	0,2	0,0	0,0	—	**14,2**	14,4	14,6	14,9	**15,2**
	G	0,1	0,0	0,0	—	**11,0**	—	12,4	12,4	**12,4**
	H	0,1	0,0	0,0	—	**14,1**	14,3	14,4	14,6	**14,8**

abgabe von Kalksandsteinen und Ziegelsteinen.

Einzelversuchen (siehe Fig. 9).

264	Wasserabgabe								
	24	72	96	120	240	360	504	528	552
lagert	Stunden an der Luft im Zimmer gelagert								
Steine in kg.									
216 Std. 3,964	3,866	3,751	—	3,711	216 Std. 3,666	336 Std. 3,636	384 Std. 3,624	408 Std. 3,624	—
—	3,952	3,762	—	3,672	3,623	3,578	428 Std. 3,571	3,559	3,559
3,973	3,911	2,817	3,751	3,719	3,676	3,664	3,633	3,633	—
—	3,246	3,035	—	2,920	2,869	2,845	428 Std. 2,844	2,843	2,843
—	3,448	3,253	—	3,133	3,059	3,019	428 Std. 3,019	—	—
—	3,840	3,770	3,701	3,649	3,478	3,429	3,384	3,384	—
3,893	3,875	3,724	—	3,640	3,589	3,553	428 Std. 3,548	3,538	3,538
4,203	4,151	4,059	3,989	3,936	3,788	3,733	3,685	—	648 Std. 3,670
und wieder abgegebenen Wassers in kg.									
+0,487	—0,118	—0,213	—	—0,253	—0,298	—0,328	—0,340	—0,340	**—0,340**
—	—0,101	—0,291	—	—0,381	—0,430	—0,473	—0,482	—0,494	—0,494
+0,426	—0,062	—0,156	—0,222	—0,264	—0,297	—0,309	—0,340	—0,340	—0,340
—	—0,116	—0,327	—	—0,442	—0,493	—0,517	—0,518	—0,519	—0,519
—	—0,099	—0,294	—	—0,414	—0,488	—0,528	—0,528	—	—0,528
+0,513	—0,053	—0,123	—0,292	—0,244	—0,415	—0,464	—0,509	—0,509	—0,509
—	—0,091	—0,242	—	—0,326	—0,377	—0,413	—0,418	—0,428	—0,428
+0,542	—0,052	—0,144	—0,214	—0,267	—0,415	—0,470	—0,518	—	—0,527
in % des Gewichts im Trockenzustande.									
14,1	**11,2**	7,9	—	6,7	5,5	4,6	4,2	4,2	**4,2**
—	**9,8**	6,7	—	4,2	2,8	1,5	1,3	1,0	**1,0**
12,0	**10,8**	7,6	5,7	4,6	3,6	3,3	2,4	2,4	**2,4**
—	**14,8**	6,8	—	2,8	1,0	0,2	0,1	0,1	**0,1**
—	**14,2**	7,7	—	3,7	1,3	—0,9	—0,9	—	**—0,9**
15,2	**13,9**	11,6	9,5	6,8	2,9	1,5	0,1	0,1	**0,1**
—	**9,8**	5,6	—	3,2	1,7	0,7	0,6	0,3	**0,3**
14,8	**13,4**	10,9	9,0	7,5	3,5	2,0	0,7	—	**0,4**

Nach 24 Stunden Wasserlagerung hatten die Steine durchschnittlich 13 % Wasser, d. i. **85** % des gesamten Wassers aufgesogen.

Zum Vergleich hiermit sind die mittleren Ergebnisse der gleichen Versuche mit 25 beliebig ausgewählten Ziegelsorten in Tab. 5 verzeichnet. Hiernach schwankt bei gebrannten Steinen die zur künstlichen Trocknung erforderliche Zeit zwischen 1 Tag und 6 Tagen und die Dauer bis zur Wassersättigung zwischen 3 und 11 Tagen; durchschnittlich beträgt sie **5 Tage.** Nach 24 Stunden war die Wasseraufnahme der Ziegelsteine bereits auf **90** % der Gesamtwasseraufnahme gestiegen.

Die Kalksandsteine nahmen demnach das Wasser etwas langsamer auf, als die gebrannten Steine.

Was den Grad des Wasseraufnahmevermögens der verschiedenen Kalksandsteine betrifft, so geht aus Tabelle 3 hervor, daß die Menge an aufgenommenem Wasser in Gewichtsprozenten zwischen 10,2 und 21,8 % und in Raumprozenten zwischen 19,6 und 35,3 % schwankt; im Mittel beträgt W_g **14,9** und W_r **26,3** %.

Die Ziegelsteine verschiedener Art und Herkunft zeigen erheblich größere Schwankungen im Wasseraufnahmevermögen.

Die Wasseraufnahme der in Tab. 5 aufgeführten Ziegelsorten schwankt z. B. zwischen **4,0** und **18,9** %. (Weitere Ergebnisse der Wasseraufnahmeprüfung von Ziegelsteinen sind in den Mitt. Materialpr.-Amt 1899, S. 122 ff. veröffentlicht).

Die Ergebnisse vergleichender Versuche mit Kalksandsteinen und Ziegelsteinen, die außer über die Gewichtsveränderung bei der Trocknung und Wasserlagerung auch über die Wasserabgabe bei Luftlagerung Aufschluß geben, sind in Tab. 6 wiedergegeben; in dieser sind verzeichnet:

1. die Steingewichte nach verschiedener Dauer der Trocknung, Wasserlagerung und Luftlagerung,
2. die nach den verschiedenen Zeiträumen abgegebenen, aufgenommenen und wieder abgegebenen Gewichtsmengen Wassers und
3. die Verhältniszahlen für die Gewichtsveränderung bei der Trocknung, der Wasserlagerung und der Luftlagerung in % des Gewichts der getrockneten Steine.

Die vergleichbaren Werte unter 3. (Veränderung des Steingewichts in % des Gewichts der trockenen Steine) sind der leichteren Übersicht wegen in Fig. 9 dargestellt.

Nach diesen Ergebnissen und dem Verlauf der Linienzüge gaben die Kalksandsteine das Wasser beim Trocknen etwas langsamer ab als die Ziegelsteine, nahmen auch das Wasser etwas langsamer auf, gaben es jedoch bei der gewöhnlichen Luftlagerung fast in dem gleichen Maße wieder ab wie die Ziegelsteine.

Die prozentuale Wasseraufnahme war im vorliegenden Falle bei den Kalksandsteinen etwas geringer, als bei den gebrannten Tonsteinen.

Auffallend erscheint auf den ersten Blick die Tatsache, daß das Gewicht der Kalksandsteine beim Lagern an der Luft schließlich nicht wieder auf das anfängliche Trockengewicht zurückgeht, wie dies bei den Ziegelsteinen der Fall ist, sondern höheres Gewicht behalten, als vor der Wasserlagerung. In besonders hohem Maße tritt diese Erscheinung bei dem Kalksandstein A zutage. Die geprüften Steine A, B und C haben (im lufttrockenen Zustande) gegenüber dem ursprünglichen Trockengewicht an Gewicht um 127, 35 und 86 g, im Mittel um 83 g zugenommen. Diese Zunahme ist teils eine Folge der etwa noch im Stein vorhandenen Luftfeuchtigkeit, teils davon, daß der in den

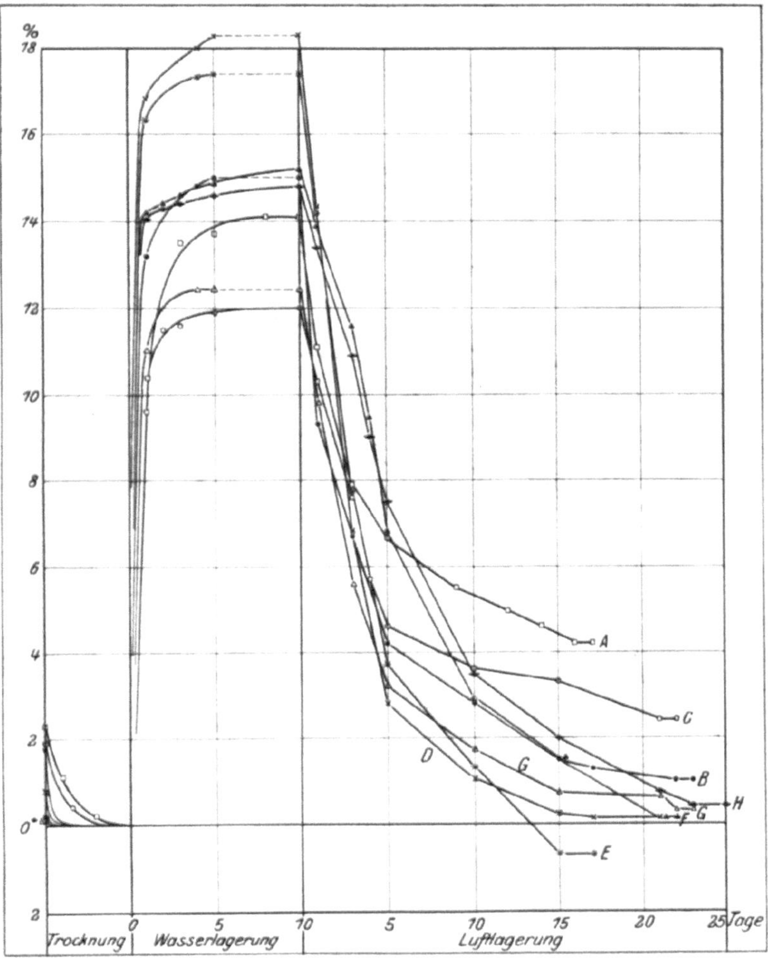

Fig. 9.
Trockenverlauf, Wasseraufnahme und Wasserabgabe von Kalksandsteinen und Ziegelsteinen nach Tab. 6.

Zeichen		
o——o	Kalksandsteine	A
•——•	"	B
o——o	"	C
×——×	Ziegelsteine	D
——	"	E
▲——▲	"	F
△——△	"	G
✦——✦	"	H

Steinen enthaltene freie Kalk[1]), soweit er mit der Luft in Berührung kommt,

[1]) Ob der Kalk in den Kalksandsteinen beim Härten unter gespanntem Wasserdampf tatsächlich mit der durch ihn aufgeschlossenen Kieselsäure eine chemische Verbindung eingeht, ist eine Frage, die so lange offen bleibt, bis das Bestehen der Verbindung „Kalksilikat“ oder vielmehr „Kalkhydrosilikat“ in den Kalksandsteinen nachgewiesen ist. Wahrscheinlich bestehen Kalk und Kieselsäure nebeneinander und sind nicht chemisch gebunden.

Kohlensäure aufnimmt, wodurch das Gewicht der Steine erhöht wird. (Das Molekulargewicht des Kalkhydrates (CaO_2H_2) beträgt nämlich **74**; dieses Gewicht erhöht sich durch die Aufnahme von Kohlensäure und die infolgedessen vor sich gehende Umwandlung in kohlensauren Kalk ($CaCO_3$) auf 100; denn es treten zu der Verbindung $Ca(OH)_2$ 44 Gewichtsteile CO_2 hinzu, gleichzeitig scheiden 18 Gewtl. H_2O aus; die gesamte Gewichtszunahme beläuft sich also auf **26** Gewichtsteile.)

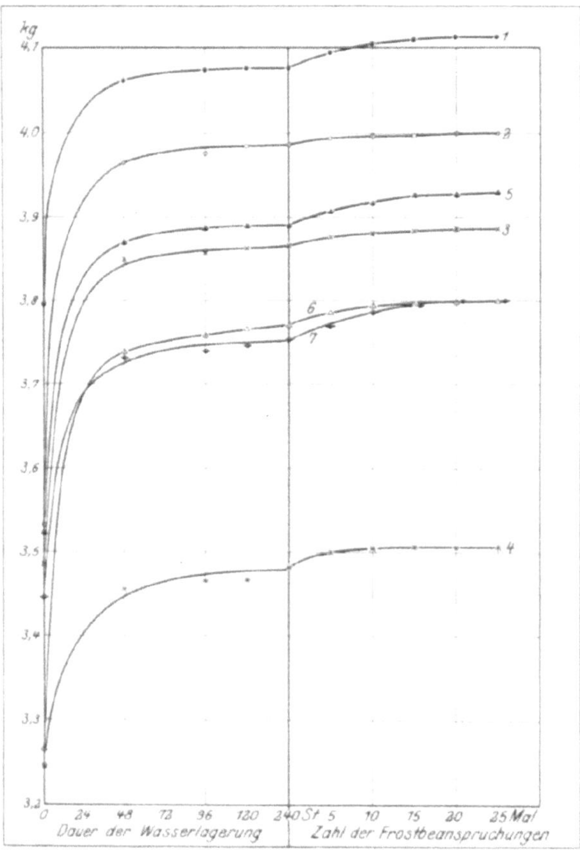

Fig. 10.
Verlauf der Gewichtsveränderung bei der Wassertränkung und während des 25 maligen Gefrierens und Auftauens nach Tab. 7.

•——•	Kalksandsteinsorte 1
○——○	„ 2
×——×	„ 3
✱——✱	„ 4
▲——▲	„ 5
△——△	„ 6
◆——◆	„ 7

Weitere Versuche sind geplant, die über die Ursachen dieser Erscheinung und darüber, wie weit die Kohlensäureaufnahme gehen kann, näheren Aufschluß geben sollen.

Alle geprüften Kalksandsteine erwiesen sich bei der Gefrierprobe als frostbeständig. Zerstörungserscheinungen oder Gewichtsverluste traten nicht ein; dagegen wurde, wie aus den in den Spalten 4 und 5 der Tab. 2 schräg gedruckten, die Gewichte der Steine vor und nach dem Gefrieren darstellenden Gewichtswerten hervorgeht, die bereits früher von Gary[1]) bei Ziegelsteinen festgestellte und als bemerkenswert hervorgehobene Erscheinung beobachtet, daß das Gewicht der scheinbar bereits wassergesättigten Steine während des 25-maligen abwechselnden Gefrierens und Auftauens im Wasser zunimmt.

Um den Verlauf dieser Gewichtsveränderung bei der Wassertränkung vor der Frostprobe und während des Gefrierens und Auftauens besser zur Anschauung zu bringen, sind die Durchschnittswerte der während der Wassertränkung und nach jedesmaliger Frostbeanspruchung vorgenommenen Wägungen von sieben beliebigen Kalksandsteinsorten in Tab. 7 zusammengefaßt und gleichzeitig in Fig. 10 zum Schaubilde aufgetragen. Wie die Zahlen und der Verlauf der Schaulinien zeigt, tritt bei sämtlichen Kalksandsteinsorten eine mehr oder minder erhebliche Gewichtszunahme während der 25-maligen Frostbeanspruchung ein.

Tab. 7. **Gewichtsveränderung von Kalksandsteinen durch Wasseraufnahme und Frostbeanspruchung.**

(Mittelwerte aus je zehn Einzelversuchen.)

Lfd. Nr.	Mittleres Gewicht der Steine in kg nach: dem Eintreffen	48 Stunden Wasserlagerung	96 Stunden Wasserlagerung	125 Stunden Wasserlagerung	200 Stunden Wasserlagerung	5- maliges Gefrieren und Auftauen	10- maliges Gefrieren und Auftauen	15- maliges Gefrieren und Auftauen	20- maliges Gefrieren und Auftauen	25- maliges Gefrieren und Auftauen	Gewichtszunahme kg
1	3,797	4,061	4,072	4,078	4,078	4,092	4,106	4,110	4,112	4,113	**0,014**
2	3,531	3,963	3,976	3,983	3,987	3,993	3,997	3,999	4,000	4,000	**0,013**
3	3,483	3,849	3,856	3,861	3,865	3,875	3,880	3,884	3,886	3,886	**0,021**
4	3,244	3,455	3,465	3,468	3,481	3,500	3,504	3,506	3,507	3,507	**0,026**
5	3,524	3,869	3,885	3,889	3,889	3,908	3,918	3,925	3,928	3,929	**0,040**
6	3,263	3,737	3,756	3,765	3,771	3,785	3,793	3,797	3,799	3,800	**0,029**
7	3,445	3,731	3,740	3,745	3,751	3,770	3,788	3,794	3,796	3,798	**0,047**

Prüfungen von Kalksandsteinen auf Feuerbeständigkeit sind mehrfach ausgeführt worden, teils an Gebäuden, die nur aus Kalksandsteinen bestanden, teils an solchen, die aus Kalksandsteinen und Ziegelsteinen errichtet waren.

Über diese Versuche und deren Ergebnisse ist bereits besonders berichtet[2]) worden. Bemerkt sei an dieser Stelle nur, daß die Kalksandsteine bei diesen Brandproben sowohl gegenüber der Einwirkung des Feuers, wie der des Wasserstrahles beim Ablöschen im wesentlichen das gleiche Verhalten aufwiesen wie die Ziegelsteine.

Die Festigkeit der verschiedenen Kalksandsteinsorten schwankt innerhalb ziemlich weiter Grenzen. Selbstverständlich sind diese Unterschiede nicht so groß wie bei den Ziegelsteinen der verschiedenen Art. Welche Festigkeitsgrade bei Kalksandsteinen vorkommen können, ist aus Tab. 2 und Tab. 3 zu ersehen. Nach letzterer hat der geringwertigste der geprüften Kalksandsteine im Mittel 78 und

[1]) Gary, Mitt. Materialpr.-Amt 1899. S. 166 ff.

[2]) Mitt. Materialpr.-Amt 1906. Heft 2. S. 69 ff.

der beste 287 kg/qcm Druckfestigkeit. Die durchschnittliche Trockenfestigkeit ist **153 kg/qcm** (Tab. 3), eine Festigkeit, die man im allgemeinen von einem guten Hintermauerungsstein verlangt.

Die Abweichungen der Kleinst- und Größtwerte vom Mittel innerhalb derselben Versuchsreihe sind, wie aus Tab. 2 (Spalte 11, 12 und 13) ersichtlich, im Durchschnitt geringer, als sie bei gebrannten Steinen gefunden werden, eine Folge der größeren Gleichmäßigkeit der Kalksandsteine in Form und Gefüge.

Versuche, die über die Festigkeit der Verbindung zwischen Kalksandsteinen und Mörtel zahlenmäßigen Aufschluß geben, sind erst in neuerer Zeit, nachdem von Gegnern der Kalksandsteine Zweifel an dem ausreichenden Haftvermögen dieser Steine geäußert wurden und behauptet wurde, daß an Kalksandsteinen der Mörtel schlechter hafte, als an gebrannten Steinen, auf Antrag des Vereins der Kalksandsteinfabriken, eingetragener Verein, zu Charlottenburg, angestellt worden. Geprüft wurden eine Kalksandsteinsorte und eine Ziegelsteinsorte (Rathenower Maschinensteine) und zwei Mörtel, Kalkmörtel aus 1 Rtl. Kalkbrei und 3 Rtl. Mauersand und verlängerter Zementmörtel aus 2 Rtl. Kalkbrei und 1 Rtl. Zement und 8 Rtl. Mauersand. Je drei Steine wurden nach Maßgabe der Fig. 6 zusammengemauert und nach 3 Monaten Lagerung an der Luft im Freien, wie oben beschrieben, der Scherprobe unterzogen. Die Ergebnisse dieser Versuche sind in Tab. 8 verzeichnet. Bei der Prüfung löste sich in den meisten Fällen nur ein Stein ab und es blieben Körper von der Art der Fig. 4 übrig. Diese wurden nochmals dem Scherversuch unterworfen. Die hierbei gewonnenen Ergebnisse sind als Durchschnittswerte ebenfalls in Tab. 8 (in Klammern) angeführt. Hiernach haben die Kalksandsteine im Mittel günstigere Werte geliefert, als die Ziegelsteine.

Tab. 8. **Ergebnisse der Prüfung von Probekörpern aus Kalksandsteinen, Ziegelsteinen und Mörtel auf Haften.**

Alter der Fuge: 3 Monate.
Fugendicke im Mittel: 1 cm.

Fugenmörtel	1 Rtl. Kalkbrei + 3 Rtl. Mauersand			2 Rtl. Kalkbrei + 1 Rtl. Zement + 1 Rtl. Mauersand		
Versuch Nr.	Belastung in kg	Haftfestigkeit kg/qcm [1])	Bemerkungen	Belastung in kg	Haftfestigkeit kg/qcm [1])	Bemerkungen
Kalksandsteine; Haftfläche 288 qcm.						
1	Beim Einspannen gebrochen	—	Der Mörtel war zum größten Teil vom Stein losgerissen.	1710	—	Bei Probe Nr. 1, 3 u. 5—9 Mörtel zum größten Teil vom Stein losgerissen, bei Probe Nr. 2 u. 4 Bruch durch den Mörtel der Fuge
2	510	—		2060	—	
3	440	—		1570	—	
4	170	—		2040	—	
5	Beim Einspannen gebrochen	—		1670	—	
6	605	—		1230	—	
7	480	—		2190	—	
8	310	—		1900	—	
9	415	—		1670	—	
10	220	—		[270][2])	—	
Mittel	**394**	**1,4** (1,8)	—	**1782**	**6,2** (4,8)	—

[1]) Die in Klammern ( ) stehenden Werte sind die Durchschnittsergebnisse der Scherversuche mit Probestücken aus zwei Steinen.

[2]) Mangelhaft vermauert; Werte von der Mittelbildung ausgeschlossen.

Tabelle 8 (Fortsetzung).

Fugenmörtel	1 Rtl. Kalkbrei + 3 Rtl. Mauersand			2 Rtl. Kalbrei + 1 Rtl. Zement + 1 Rtl. Mauersand		
Versuch Nr.	Belastung in kg	Haftfestigkeit kg/qcm [1])	Bemerkungen	Belastung in kg	Haftfestigkeit kg/qcm [1])	Bemerkungen
Rathenower Maschinenziegel; Haftfläche: 265 qcm.						
1	120	—	Bei den Proben Nr. 1—4, 6, 8 u. 9 Bruch in einer Fuge durch den Mörtel, bei Probe Nr. 5 u. 7 Bruch in beiden Fugen	1110	—	Bei Probe Nr. 1, 4 u. 7 Mörtel zum Teil vom Stein losgerissen; bei den übrigen Proben Bruch durch den Mörtel der Fuge.
2	10	—		1490	—	
3	10	—		990	—	
4	25	—		970	—	
5	30	—		550	—	
6	85	—		[235] [2])	—	
7	45	—		830	—	
8	20	—		500	—	
9	50	—		500	—	
10	Beim Einspannen gebrochen	—		—	—	
Mittel	**44**	**0,2** (0,6)	—	**867**	**3,3** (3,7)	—

[1]) u. [2]) Vergl. die Fußbemerkungen auf S. 92.

Ferner wurden auf Antrag des Vereins der Kalksandsteinfabriken von Berlin und Mark Brandenburg, E. V. zu Berlin, praktische Versuche zur Ermittelung des Verhaltens (Erhärten) von Kalkmörtel im Mauerwerk aus Kalksandsteinen und Ziegelsteinen ausgeführt. Zwei Mauern von je 3 m Länge, 2 m Höhe und 51 cm (2 Stein) Dicke wurden, und zwar die eine aus Kalksandsteinen eines Berliner Werkes, die andere aus roten Rathenower Ziegelsteinen (Maschinensteinen) in Kalkmörtel (1 Raumtl. Kalkteig + 3 Raumtl. Berliner Mauersand, errichtet. Die Aufmauerung erfolgte in der Zeit vom 13. bis 16. November 1905 durch zwei geübte Maurer. Diese wechselten nach jeder zweiten Schicht, so daß beide Leute an jeder Mauer in gleicher Weise arbeiteten. Die Mauern standen so, daß sie gleichmäßig den Witterungseinflüssen ausgesetzt waren.

Nach 4, 8, 12 Monaten und 2 Jahren wurden die Mauern in Gegenwart von Vertretern Berliner Baupolizeibehörden und des antragstellenden Vereins der Besichtigung unterzogen und die Beschaffenheit des Mauermörtels, sowie dessen Verbindung (Haften) mit den Steinen untersucht. Gleichzeitig wurden jedesmal Mörtelproben aus der zweiten und zehnten Schicht (von oben) sowohl etwa 2 cm vom Rande, wie auch aus der Mitte beider Mauern und außerdem je drei Steine behufs Prüfung auf Kohlensäure- und Feuchtigkeitsgehalt unter geeigneten Vorsichtsmaßregeln entnommen. Die Materialeigenschaften der verwendeten Steinsorten sind aus Tab. 9 ersichtlich.

Tab. 9. **Eigenschaften des Steinmaterials.**

Steinsorte	Bruchflächenbeschaffenheit.			r	s	d	u
	Gefüge	Bruch	Farbe				
Ziegelsteine	gleichförmig, feinkörnig	unregelmäßig, scharfkantig	ziegelrot	1,868	2,620	0,713	0,287
Kalksandsteine	gleichförmig, feinkörnig	unregelmäßig	grauweiß	1,862	2,597	0,717	0,283

Das Ergebnis der Inaugenscheinnahme, der chemischen Prüfungen und der Bestimmung des Feuchtigkeitsgehaltes an Mörtel und Steinen ist in Tab. 10 und 11 niedergelegt.

Tab. 10. **Beschaffenheit, Feuchtigkeitsgehalt und Kohlensäuregehalt des Mörtels.**

Alter der Mauer	Entnahmestelle	Zweite Steinschicht: Beschaffenheit des Mörtels nach dem Augenschein	Zweite Steinschicht: Feuchtigkeitsgehalt %	Zweite Steinschicht: Kohlensäuregehalt %	Zehnte Steinschicht: Beschaffenheit des Mörtels nach dem Augenschein	Zehnte Steinschicht: Feuchtigkeitsgehalt %	Zehnte Steinschicht: Kohlensäuregehalt %
Mauer aus Ziegelsteinen.							
4 Monate	Rand	Gut erhärtet	8,16	—	Außen gut erhärtet; im Innern feuchter als in der zweiten Schicht	8,33	—
	Mitte	Bröcklig; ließ sich in der Hand ballen	9,15	—		8,97	—
8 Monate	Rand	Gut erhärtet	3,35	5,27	Gut erhärtet	6,65	2,26
	Mitte	Bröcklig	6,30	0,32	Noch nicht völlig trocken; wenig fest	7,00	0,35
1 Jahr	Rand	Gut erhärtet	6,38	5,89	Gut erhärtet	6,21	3,31
	Mitte	Bröcklig; ließ sich in der Hand ballen	7,02	0,97	Noch nicht völlig trocken, wenig fest, an den Steinen nicht haftend	7,93	0,56
2 Jahre	Rand	Haftend, etwas feucht, bis zu etwa 3 cm Tiefe fest, nach dem Innern zu mürber werdend	4,11 4,07 [1])	7,82 7,62 [1])	Wie in der zweiten Steinschicht	3,71	4,98
	Mitte	Feucht, mürbe, jedoch zusammenhängend	7,09	1,31		6,31	0,89
Mauer aus Kalksandsteinen.							
4 Monate	Rand	Ziemlich trocken; gut erhärtet	3,97	—	Feuchter als in der zweiten Schicht; gut erhärtet	4,33	—
	Mitte	Beginn der Erhärtung erkennbar; in Stücken ablösbar	4,87	—	Beginn der Erhärtung erkennbar; in Stücken ablösbar	4,15	—
8 Monate	Rand	Gut erhärtet; in Stücken ablösbar	0,78	4,75	Gut erhärtet; am Rande fester als im Innern; trocken	2,96	4,90
	Mitte		0,76	0,53		2,96	0,38
1 Jahr	Rand	Gut erhärtet; in Stücken ablösbar	0,52	5,42	Gut erhärtet; gleichmäßig fest an den Steinen haftend	1,69	5,33
	Mitte		0,56	0,66		1,49	0,73
2 Jahre	Rand	Ziemlich trocken, haftend und gut erhärtet, bis zu etwa 3 cm Tiefe fest, nach dem Innern zu mürber werdend	0,59 0,20 [1])	5,86 6,40 [1])	Wie in der zweiten Steinschicht	0,54	6,91
	Mitte	Schwach feucht, etwas bröcklig, jedoch zusammenhängend	2,15	0,73		2,36	0,74

[1]) Material vom Rande der Nord-West-Ecke der Mauer.

Tab. 11. **Feuchtigkeitsgehalt der Steine.**

Alter der Mauer		4 Monate			8 Monate			1 Jahr			2 Jahre		
Steinsorte	Versuch Nr.	Gewicht der Steine nach der Entnahme kg	Gewicht der Steine nach dem Trocknen kg	Feuchtigkeitsgehalt %	Gewicht der Steine nach der Entnahme kg	Gewicht der Steine nach dem Trocknen kg	Feuchtigkeitsgehalt %	Gewicht der Steine nach der Entnahme kg	Gewicht der Steine nach dem Trocknen kg	Feuchtigkeitsgehalt %	Gewicht der Steine nach der Entnahme kg	Gewicht der Steine nach dem Trocknen kg	Feuchtigkeitsgehalt %
Ziegelsteine	1	4,061	3,760	—	4,098	3,984	—	4,150	3,962	—	3,783	3,665	—
	2	4,026	3,885	—	3,900	3,800	—	3,818	3,605	—	3,923	3,795	—
	3	4,136	3,895	—	3,890	3,760	—	3,850	3,640	—	3,990	3,755	—
	Mittel	**4,074**	**3,847**	**5,57**	**3,963**	**3,848**	**3,0**	**3,939**	**3,736**	**5,4**	**3,898**	**3,738**	**4,3**
Kalksandsteine	1	3,694	3,450	—	3,618	3,429	—	3,753	3,486	—	3,570	3,342	—
	2	3,760	3,485	—	3,639	3,440	—	3,595	3,347	—	3,598	3,375	—
	3	3,569	3,365	—	3,642	3,453	—	3,694	3,478	—	3,660	3,450	—
	Mittel	**3,674**	**3,433**	**6,56**	**3,633**	**3,441**	**5,6**	**3,681**	**3,437**	**7,1**	**3,609**	**3,389**	**6,5**

Es geht hieraus hervor, daß

1. der Mörtel vom Rande in beiden Mauern äußerlich im wesentlichen gleich gut erhärtet war, der der Ziegelmauern jedoch erheblich feuchter war und in der zehnten Schicht auch geringeren Kohlensäuregehalt aufwies, als der der Kalksandsteinmauer,
2. der Mörtel aus der Mitte in der Ziegelsteinmauer bröcklig war und sich infolge seiner Feuchtigkeit in der Hand ballen ließ, in der zehnten Schicht auch nur wenig fest an den Steinen haftete, während er in der Kalksandsteinmauer zusammenhängend und in Stücken ablösbar war und auch in der zehnten Schicht gleichmäßig an den Steinen gut haftete (die Ziegelsteine ließen sich ohne Anstrengung aus dem Mörtelbett heben, während es zum Abheben der Kalksandsteine eines gewissen Kraftaufwandes bedurfte; bei 2 Jahren Alter war der Unterschied in der Erhärtung geringer),
3. die Ziegelsteine im Durchschnitt etwas geringeren Feuchtigkeitsgehalt aufwiesen, als die Kalksandsteine[1]).

Bei diesen Prüfungen verhielt sich der Kalkmörtel im Kalksandsteinmauerwerk mindestens ebensogut wie im Ziegelmauerwerk. Der Mörtel haftete sogar besser an den Kalksandsteinen, als an den Ziegelsteinen.

Dies Ergebnis kann natürlich nicht verallgemeinert werden; es wird in jedem Falle je nach Art (Oberflächenbeschaffenheit, Wasseraufsaugevermögen usw.) der Steine ausfallen.

Die Beobachtung der beiden Mauern wird fortgesetzt.

Mehrere Versuchsreihen bezweckten die Feststellung des Einheitsgewichtes von Mauerwerk aus Kalksandsteinen in Kalkmörtel im Vergleich mit solchem aus Ziegelsteinen.

Für eine Reihe wurde aus je einer Sorte Kalksand- und Ziegelsteinen ein parallelopipedischer Körper 4 × 2 1/2 Stein stark und 13 Schichten hoch im Kreuz-

[1]) Ob etwa die Kalksandsteine beim Trocknen auch chemisch gebundenes Wasser abgeben, mußte durch Versuche festgestellt werden.

verband aufgemauert. Die Angaben über das Gewicht und die Abmessungen der einzelnen Steine und der fertigen Mauerwerkskörper, die Erhärtungsart und das Ergebnis der Gewichtsbestimmung sind in Tab. 12 verzeichnet.

Tab. 12. **Einheitsgewicht von Mauerwerk aus Kalksandsteinen und Ziegelsteinen in Kalkmörtel.**

Alter der Körper: 3 Monate.

Steine					Mauerwerkskörper					Gewicht für 1 cbm Mauerwerk	Bemerkungen
Art und Farbe	Mittlere Abmessungen cm			Mittleres Gewicht	Abmessungen cm			Inhalt	Gewicht		
	l	b	h	kg	l	b	h	cbm	kg	kg	
Kalksandsteine in Normalformat[1]); hellgrau	25,0	12,0	6,5	3,566	100	64,4	100	0,644	1220	1890	Die Mauerwerkskörper wurden 4 × 2½ Steine stark und 13 Schichten hoch in Kalkmörtel aufgemauert u. lagerten 3 Monate an der Luft. Bei der Prüfung waren die Körper im Innern noch feucht, die aus Tonsteinen mehr, als die aus Kalksandsteinen.
Ziegelsteine (Uckermünder Hintermauerungssteine) in Normalformat; rot	25,4	12,0	6,5	3,597	99,5	65,3	100	0,650	1192	1830	

[1]) Die Steine hatten eine Mörtelvertiefung.

Hiernach betrug das Gewicht eines Kubikmeters Mauerwerk aus

Kalksandsteinen 1890 kg

Ziegelsteinen 1830 kg.

Da nur je ein Körper hergestellt und geprüft wurde, so können diese Ergebnisse keinen Anspruch auf allgemeine Gültigkeit machen.

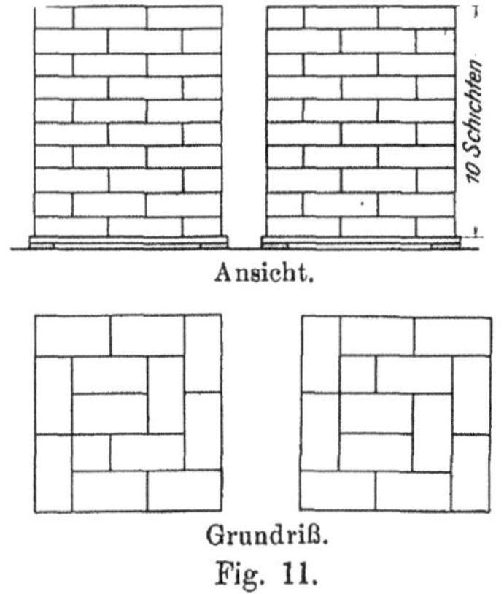

Fig. 11.

Weitere Untersuchungen nach dieser Richtung sind auf Antrag des **Vereins der Kalksandsteinfabriken zu Charlottenburg** und des **Vereins der Kalksandsteinfabriken von Berlin und Umgegend** ausgeführt worden.

Zur Prüfung gelangten insgesamt sechs Kalksandstein- und drei Ziegelsorten.

Aus den Steinen wurden nach Maßgabe der Fig. 11 Mauerwerkskörper $2^1/_2 \times 2^1/_2$ Stein stark und 10 Schichten hoch in Kalkmörtel durch einen gelernten Maurer hergestellt. Die Körper lagerten im Freien unter einem Pappdach und wurden nach 1 Monat und 3 Monaten gewogen.

Nach der Zusammenstellung der gefundenen Gewichte (Tab. 13) ergeben sich als **Einheitsgewichte für 1 cbm Mauerwerk** folgende Kleinst-, Größt- und Durchschnittswerte:

Tab. 13. **Ergebnisse der Prüfung von Mauerwerk auf Gewicht.**

(Siehe Fig. 11.)

Steinsorte	Steine: Mittlere Abmessungen cm	Steine: Mittleres Gewicht kg	Mauerwerkskörper: Mittlere Abmessungen cm	Mauerwerkskörper: Mittlerer Rauminhalt cbm	Gewicht: Versuch Nr.	Gewicht nach 1 Monat kg	Gewicht nach 2 Monaten kg	Gewichtsveränderung kg	Gewicht für 1 cbm Mauerwerk in kg nach 1 Monat	Gewicht für 1 cbm Mauerwerk in kg nach 3 Monaten
Kalksandsteine (Reihe 1).										
1 Berliner Werk	l = 25,0 b = 12,0 h = 6,5 mit Mörtelvertiefung	3,581			1	565,5	560,5	— 5,0	1870	1855
					2	566,6	556,6	— 10,0	1880	1840
					Mittel	566	558	— 8,0	1875	1850
2 Norddeutsches Werk	l = 25,2 b = 11,9 h = 6,5	3,571	l = 63,8 b = 63,7 h = 74,2	0,302	1	566,9	556,9	— 10,0	1880	1840
					2	572,5	557,5	— 15,0	1900	1850
					Mittel	570	557	— 13,0	1890	1845
3 Mitteldeutsches Werk	l = 25,2 b = 12,0 h = 6,4	3,723			1	570,3	559,3	— 11,0	1890	1850
					2	570,0	557,1	— 13,0	1890	1845
					Mittel	570	558	— 12,0	1890	1850
Mittel	—	—	—	—	—	—	—	—	**1885**	**1850**
Gebrannte Tonsteine (Reihe 1).										
4 Ketzin	l = 24,3 b = 11,4 h = 6,4	2,623			1	465,2	455,9	— 9,3	1570	1535
					2	488,8	478,9	— 9,9	1650	1610
					Mittel	477	467	— 9,6	1610	1575
5 Zehdenick	l = 23,8 b = 11,2 h = 6,4	2,948	l = 62,5 b = 62,5 h = 76,0	0,297	1	529,5	522,5	— 7,0	1780	1760
					2	536,6	529,6	— 7,0	1810	1780
					Mittel	533	526	— 7,0	1795	1770
6 Herzfelde	l = 24,3 b = 11,5 h = 6,5	3,280			1	561,6	552,8	— 8,8	1890	1860
					2	558,0	555,2	— 2,8	1880	1870
					Mittel	560	554	— 6,0	1885	1875
Mittel	—	—	—	—	—	—	—	—	**1760**	**1740**
Kalksandsteine (Reihe 2).										
7	l = 25,1 b = 11,8 h = 6,5	3,355			1	550,6	541,5	— 9,1	1835	1805
					2	536,7	Zerbrochen	—	1790	—
					Mittel	544	542	—	1815	1805
8	l = 25,2 b = 12,0 h = 6,5	3,519	l = 63,3 b = 63,1 h = 75,0	0,3	1	535,4	535,0	— 0,4	1785	1785
					2	545,2	546,7	— 1,5	1830	1820
					Mittel	542	541	— 1,0	1810	1805
9	l = 24,3 b = 11,8 h = 6,5	3,287			1	504,0	513,7 [1]	(+ 9,7)	1680	1710
					2	518,0	516,7	— 1,3	1730	1720
					Mittel	511	515	—	1705	1715
Mittel	—	—	—	—	—	—	—	—	**1775**	**1770**

[1]) Der Körper hat vermutlich infolge Schlagregen Wasser aufgenommen.

		1 Monat alt	3 Monate alt
Kalksandsteine	Kleinstwert	1680 kg	1710 kg
	Größtwert	1900 „	1850 „
	Mittel	**1830** „	**1810** „
Ziegelsteine	Kleinstwert	1570 „	1535 „
	Größtwert	1890 „	1875 „
	Mittel	**1760** „	**1740** „

Hiernach ist im vorliegenden Falle das Mauerwerk aus den Ziegelsteinen durchschnittlich leichter, als das aus den Kalksandsteinen. Dies erklärt sich jedoch daraus, daß das Gewicht der verwendeten Ziegelsteine infolge anormaler Abmessungen (Abmessungen von Ziegeln in Normalformat sind 25 $\times$ 12 $\times$ 6,5 cm) im Durchschnitt geringer ist, als das der Kalksandsteine. Im allgemeinen dürfte das Gewicht von gebrannten Steinen mit normalen Abmessungen höher sein, als das der zu den Versuchen benutzten Ziegel. Nach den in den Mitt. Materialpr.-Amt 1899 (S. 122—152) veröffentlichten Einheitsgewichten von Ziegelsteinen schwanken diese Werte für:

Klinker	zwischen	$3{,}00_0$	bis	$4{,}22_5$	kg
Hartbrandsteine . . .	„	$2{,}75_4$	„	$4{,}06_0$	„
Verblender[1] . . .	„	$3{,}20_5$	„	$4{,}03_5$	„
Hintermauerungssteine .	„	$2{,}63_6$	„	$3{,}83_8$	„

Auf Grund der Ergebnisse obiger Untersuchungen hat der Herr Minister der öffentlichen Arbeiten mit Erlaß vom 4. März 1907 entschieden, daß bei statischen Berechnungen für Mauerwerk aus Kalksandsteinen in der Regel kein größeres Einheitsgewicht angenommen werden soll, als für solches aus Ziegeln.

Die Prüfung von Mauerwerk aus Kalksandsteinen auf Druckfestigkeit wurde auf Antrag[2] in zwei Fällen ausgeführt.

In dem einen Falle wurden Mauerwerkskörper $1^1/_2 \times 1^1/_2$ Stein stark und fünf Schichten hoch im Schornsteinverband in Zementmörtel 1 : 3 (Raumteile) aufgemauert und nach 28 Tagen Lagerung im Zimmer der Druckprobe unterzogen. Sie ergab:

Probe 1 . . .	143 kg/qcm	im Mittel
„ 2 . . .	150 „	**148** kg/qcm
„ 3 . . .	150 „	

Die Druckfestigkeit der Steine wurde im Mittel aus 10 Versuchen zu 147 kg/qcm gefunden. Mauerwerksfestigkeit und Steinfestigkeit waren demnach nahezu gleich groß.

In dem zweiten Falle gelangten zwei in der Festigkeit wesentlich verschiedene Kalksandsteinsorten zur Prüfung. Hergestellt wurden Körper 2 $\times$ 2 Stein stark und 7 Schichten hoch in verlängertem Zementmörtel (1 Zement + $^1/_2$ Kalkteig + 4 Mauersand), und zwar die halbe Anzahl der Körper in dem durch Fig. 12, die

---

1) Die Verblender haben durchschnittlich größere Abmessungen, als die Ziegel in Normalformat. Die Steine einer Sorte mit den Abmessungen 25,0 . 12,0 . 6,9 cm wogen im Mittel 4,470 kg.

2) Im wissenschaftlichen Interesse sind noch weitere Versuche zur Ermittelung der Tragfähigkeit von Mauerwerk in Kalksand- und Ziegelsteinen ausgeführt. Die Ergebnisse dieser Versuche siehe: Burchartz, Luftkalke und Luftkalkmörtel. 1908. Verlag von Julius Springer, Berlin.

übrigen in dem durch Fig. 13 dargestellten Verband. Die fertigen Versuchsstücke hatten nahezu Würfelform (51 × 51 × 52 cm und 51 × 51 × 54 cm).

Die Körper lagerten im Freien, gegen Witterungseinflüsse nicht geschützt, mit Ausnahme der letzten 14 Tage vor jedem Prüfungstermin, während welcher Zeit sie im Zimmer bei 18—20° C Luftwärme lagen.

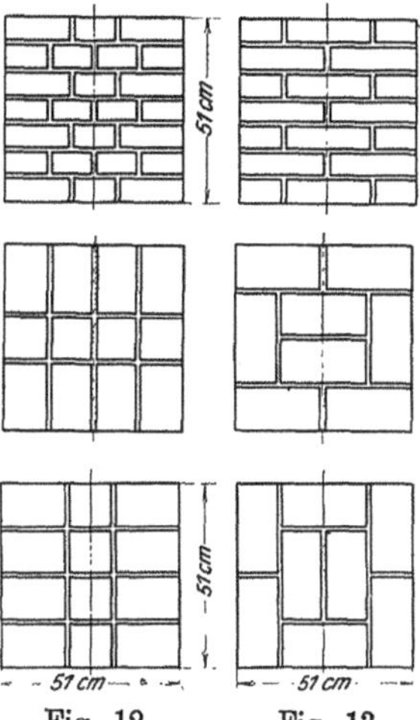

Fig. 12. Fig. 13.

Die obere Fläche der Körper wurde mit fettem Zementmörtel abgeglichen. Das Abgleichen der unteren Fläche war nicht erforderlich, da die unterste Steinschicht auf einer Lage fetten Zementmörtels auf ebener Unterlage verlegt und die untere Fläche infolgedessen ausreichend eben war.

Ferner wurden aus dem verwendeten Mauermörtel Probekörper für Zug- und Druckfestigkeitsversuche und aus den Steinen Versuchsstücke aus je zwei Steinhälften in der üblichen Weise für die Druckprobe hergestellt und in gleicher Weise wie die Mauerwerkskörper aufbewahrt.

Hervorzuheben ist, daß die Steine fast ein Jahr auf dem Grundstück des Amtes gelagert hatten, ehe die Versuche begonnen wurden.

Die Festigkeitsversuche wurden an 28 Tagen, 6 Monaten und 1 Jahr alten Probekörper vorgenommen.

Die Ergebnisse sämtlicher Prüfungen sind in den Tab. 14 bis 17 zusammengefaßt.

Aus ihnen ist folgendes zu entnehmen:

1. Die Druckfestigkeit der Steine nimmt bis zu 6 Monaten zu und dann wieder ab. Die Festigkeitsveränderung ist aus den Verhältniszahlen der Tabelle 18 (S. 102) ersichtlich.
2. Die Druckfestigkeit der Mauerwerkskörper nimmt mit fortschreitendem Alter zu; die Zunahme ergibt sich

	nach 6 Monaten	1 Jahr
für Steinsorte G	zu 12 %	16 %
„ „ F	„ 5 %	16 %.

   Der Festigkeitsfortschritt des Mauerwerks ist nicht annähernd so groß, wie der des Mörtels; letzterer beträgt für Druck bis zu 6 Monaten 136 % und bis zu 1 Jahr 152 %. Mit wachsendem Alter wird die Zunahme der Mauerwerksfestigkeit geringer; sie beträgt zwischen 6 Monaten und 1 Jahr nur 4 bezw. 11 %. (Siehe Verhältniszahlen in Tab. 17.)
3. Die Druckfestigkeit der Steine ist höher, als die der Mauerwerkskörper; die festeren Steine (G) nehmen durch Vermauern in Verband mehr an Festigkeit ab, als die weniger festen (F).
   Das Verhältnis beider Festigkeiten ist in Tab. 18 errechnet; es stellt sich im Mittel für Steinsorte G auf 100 : 55, und für Steinsorte F auf 100 : 79; es ist also für die besseren (festeren) Steine (G) weniger günstig, als für die von geringerer Festigkeit (F).

Tab. 14.

Eigenschaften der Mörtelstoffe.

Mörtel-stoff	Litergewicht in kg: R_f einge-füllt[1])	Litergewicht in kg: R_l einge-laufen	Litergewicht in kg: R_r einge-rüttelt	s: a) lufttrocken b) geglüht	$\mathfrak{d} = \frac{R_r}{s}$	$\mathfrak{u} = 1 - \mathfrak{d}$	Gehalt an hygro-skopi-schem Wasser %	Gehalt an Hydrat-wasser (Glüh-verlust) %	Gehalt an Ab-schlämm-barem %	Korngröße: Rückstand in %	Siebe mit der übergeschriebenen Anzahl Maschen auf 1 qcm: 1	4	9	20	60	120	324	900	5000	S
Zement	1,230	1,173	1,878	a) 2,978 b) 3,125	0,631 0,601	0,369 0,399	—	7,03	—	Auf den Sieben	—	—	—	—	—	0,0	0,2	0,4	11,8	—
										Zwischen je zwei Sieben	—	—	—	—	—	0,0	0,2	0,2	11,4	88,2
Kalkteig	1,406	1,396		—	—	—	46,20	21,14	—	Auf den Sieben	—	—	—	—	—	—	—	—	—	—
										Zwischen je zwei Sieben	—	—	—	—	—	—	—	—	—	—
Mauersand	erd-feucht 1,285	1,343	1,786	a) 2,667	0,669	0,331	2,1	—	1,5	Auf den Sieben	0,0	0,6	1,0	1,5	3,0	8,0	27,0	65,0	—	—
										Zwischen je zwei Sieben	0,0	0.6	0,4	0,5	1,5	5,0	19,0	38,1	—	35,0

[1]) Im 10 l-Gefäß bestimmt.

Tab. 15. **Abbindeverhältnisse, Raumbeständigkeit und Normenfestigkeit des Zementes.**

Abbindverhältnisse				Raumbeständigkeit	Festigkeit des Normenmörtels bei 28 Tagen		
Wasserzusatz %	Erhärtungsanfang nach	Abbindzeit	Wärmeerhöhung C°	Verhalten der Kuchen bei Wasser- u. Luftlagerung	Zugfestigkeit in kg/qcm	Druckfestigkeit in kg/qcm	Verhältnis Zug/Druck
28,4	4 Std.	8 St. 30 Min.	1,4	Die Kuchen blieben scharfkantig, eben und rißfrei	26,8	246	1/9,2

ab. 16. **Raumgewicht und Festigkeit des Mörtels aus 1 Rtl. Zement + 1½ Rtl. Kalkteig + 4 Rtl. Mauersand**[1]**.**

Art der Proben	Zugproben Gewichtquerschnitt = 5 qcm				Druckproben Würfel von 7,1 cm Kantenlänge				Bemerkungen
Alter der Proben	1 Tag	28 Tage	6 Monate	1 Jahr	1 Tag	28 Tage	6 Monate	1 Jahr	
Raumgewicht g/ccm	2,129	1,971	2,057	2,057	2,068	1,876	1,936	1,944	Das Material für Herstellung der Proben wurde dem zum Vermauern in kellengerechter Steife (Wassergehalt 18,3%) angemachten Mörtel entnommen und in die auf Kalksandsteinen stehenden Formen gefüllt. Die Proben lagerten im Freien ungeschützt, mit Ausnahme der letzten 14 Tage vor jedem Prüfungstermin, während welcher Zeit sie im Zimmer aufbewahrt wurden.
Festigkeit kg/qcm	—	8,1	24,0	37,8	—	42	99	106	

[1]) Mörtel aus 1 Rtl. Kalkteig + 3 Rtl. Mauersand lieferte im Mörtel folgende Festigkeiten:

		28 Tage	6 Monate	1 Jahr
Mauergewicht eingefüllte Proben (Wassergehalt 20,6 %).	Zugfestigkeit	4,2	4,8	7,1 kg/qcm
	Druckfestigkeit	10	17	21 „
Erdfeucht eingeschlagene Proben (Wassergehalt 10,3 %).	Zugfestigkeit	3,7	8,4	9,4 kg/qcm
	Druckfestigkeit	21	32	27 „

Dieser Mörtel war zum Aufmauern der Probekörper für die Gewichtsbestimmung (Tab. 13) verwendet worden.

Über die Festigkeit anderer Luftkalkmörtel siehe näheres: Burchartz, Luftkalke und Luftkalkmörtel. 1908. Verlag von Julius Springer, Berlin.

Tab. 17. Druckfestigkeit der Steine und der Mauerwerkskörper.

Bezeichnung der Steine	„G“						„F“						Bemerkungen
Material	Steine			Mauerwerkskörper			Steine			Mauerwerkskörper			
Abmessungen der Versuchsstücke	12,2 . 12,1 . 14,1 cm; f = 148 qcm			51 . 51 . 52 cm; f = 2601 qcm			12,2 . 12,1 . 14,1 cm; f = 148 qcm			51 . 51 . 54 cm; f = 2601 qcm			
Versuch Nr.	Druckfestigkeit in kg/qcm nach												
	28 Tag.	6 Mon.	1 Jahr	28 Tag.	6 Mon.	1 Jahr	28 Tag.	6 Mon.	1 Jahr	28 Tag.	6 Mon.	1 Jahr	
1	255	366	315	150	170	181	127	160	161	125	111	128	Bei den Versuchsstücken aus Steinen traten Rißbildung und Zerstörung fast gleichzeitig ein; bei den Mauerwerkskörpern trat die Rißbildung im Mittel bei folgenden Bruchspannungen ein: nach 28 Tagen „G“ 90 kg/qcm „F“ 57 „ nach 6 Monaten „G“ 157 kg/qcm „F“ 100 „ nach 1 Jahr „G“ 172 kg/qcm „F“ 134 „
2	298	301	261	156	164	179	138	175	141	115	121	131	
3	311	338	315	141	174	174	142	189	162	105	132	141	
4	298	342	322	159	168	171	182	147	142	120	125	135	
5	311	305	361	—	—	—	168	170	148	—	—	—	
6	235	348	338	—	—	—	146	167	157	—	—	—	
7	301	301	229	—	—	—	159	180	165	—	—	—	
8	189	278	311	—	—	—	157	175	154	—	—	—	
9	285	313	335	—	—	—	120	149	159	—	—	—	
10	248	335	308	—	—	—	133	191	141	—	—	—	
Mittel	**273**	**313**	**307**	**151**	**169**	**176**	**147**	**170**	**153**	**116**	**122**	**134**	
	Verhältniszahlen; Druckfestigkeit der 28 Tage alten Probekörper = 100.												
Mittel	**100**	**115**	**113**	**100**	**112**	**116**	**100**	**116**	**100**	**100**	**105**	**116**	

Tab. 18. Beziehungen zwischen Stein- und Körperfestigkeit.

Mittelwerte nach Tab. 17.

Steinsorte	Mittlere Festigkeit in kg/qcm der Steine			Mauerwerkskörper			Verhältniszahlen; Festigkeit der Steine = 100			
	28 Tage	6 Mon.	1 Jahr	28 Tage	6 Mon.	1 Jahr	28 Tage	6 Mon.	1 Jahr	Mittel
„G“	273	313	307	151	169	176	55	54	57	**55**
„F“	147	170	153	116	122	134	79	72	88	**79**

Bei ersterwähnter Versuchsreihe beträgt das Verhältnis rund 100 : 100, ist somit günstiger. Dies erklärt sich daraus, daß bei der ersten Reihe reiner Zementmörtel und bei der zweiten verlängerter Zementmörtel verwendet worden ist. Dieser Prüfungsbefund, nach dem also erstens die Festigkeit der in Verband gemauerten Steine bei Verwendung minderwertigen Mörtels geringer ist, als die der Steine (nach dem üblichen Verfahren ermittelt), und zweitens dieser Festigkeitsunterschied um so beträchtlicher ist, je größer die Steinfestigkeit und je schlechter der Mörtel ist, stimmt mit den Ergebnissen überein, die ich bei gleichen Versuchen mit anderen Steinsorten gefunden habe[1]).

[1]) Burchartz, Luftkalke und Luftkalkmörtel. 1908. Verlag von Julius Springer, Berlin.

Von besonderer Wichtigkeit ist schließlich die Frage des *Einflusses der Erzeugungsart*, soweit die *Aufbereitung* (Ablöschung des Kalkes und Mischen von Kalk und Sand) in Betracht kommt, auf Festigkeit und sonstige Materialeigenschaften, von denen die Güte und Brauchbarkeit der Kalksandsteine abhängig ist.

Man unterscheidet, wie oben erwähnt, zwei im Prinzip voneinander abweichende Verfahren der Kalkbehandlung, das „Hydratverfahren" und das „Ätzkalkverfahren".

Unter „Hydratverfahren" ist diejenige Behandlung zu verstehen, nach der der gebrannte Kalk vor dem Vermischen mit dem Sand zu Kalkhydrat (Pulver oder Teig) abgelöscht wird, während beim „Ätzkalkverfahren" der gebrannte Kalk zunächst zu Pulver (Ätzkalkpulver) gemahlen und erst nach dem Vermischen mit Sand in Silos sich ablöscht.

Wie aus den in Tab. 2 enthaltenen Angaben der Antragsteller ersichtlich ist, werden die beiden Verfahren meist mit einigen Abänderungen angewendet. Man kann hiernach folgende Verfahren unterscheiden:

1. Der Kalk wird in gewöhnlicher Weise, sei es in Kästen oder Gruben, abgelöscht,		*Hydratverfahren*
2. der Kalk wird in sog. Löschtrommeln abgelöscht,	in einigen Fällen nach vorheriger Feinmahlung	
3. der Kalk wird im Härtekessel abgelöscht		
4. der Kalk wird erst wie üblich vorgelöscht und dann in der Löschtrommel oder im Härtekessel nachgelöscht,		
5. der Kalk wird zu Pulver gemahlen und dann das Pulver mit dem Sand gemischt und das Gemisch verpreßt, a) nach vorheriger Lagerung in Silos (Siloverfahren), b) ohne vorherige Lagerung		*Ätzkalkverfahren.*

Gegen das Ätzkalkverfahren wird geltend gemacht, daß bei diesem mehr Kalk verbraucht und infolgedessen der Preßling zu dicht werde, der fertige Stein schlechter Wasser einsauge und weniger luftdurchlässig sei, als die nach dem Hydratverfahren erzeugten Steine, und ferner daß das Kalk-Sand-Gemisch feuchter hergerichtet werden müsse, als bei dem Hydratverfahren, um das Nachlöschen des Kalkes zu vermeiden.

Um einigen Aufschluß darüber zu gewinnen, ob und inwieweit die nach den verschiedenen Verfahren hergestellten Kalksandsteine sich in ihren wichtigsten Eigenschaften unterscheiden, sind die mittleren Ergebnisse der Druckversuche (trocken) und der Wasseraufnahmebestimmungen verschiedenartig erzeugter Steine, nach steigender Druckfestigkeit geordnet, in Tab. 19 zusammengestellt. Es muß indes von vornherein bemerkt werden, daß der unmittelbare Vergleich der errechneten Durchschnittswerte nicht zulässig ist, da außer der Art der Behandlung des Kalkes und der Aufbereitung der Rohmasse, wie oben bereits betont, noch viele andere Nebenumstände die Eigenschaften des Fertigerzeugnisses beeinflussen, so z. B. die Art der Rohstoffe (Kalk, Sand und Wasser), Mischungsverhältnis, Art des Mischens, des Verpressens, die Höhe der Druckspannung, Dauer des Lagerns im Härtekessel usw.

Die bislang vorliegenden Ergebnisse lassen noch keinen erheblichen Unterschied in Festigkeit und Wasseraufnahmevermögen der nach verschiedenen Verfahren erzeugten Steine erkennen.

Tab. 19. **Druckfestigkeit (trocken) und Wasseraufnahme nach verschiedenen Verfahren gefertigter Kalksandsteine.**

Verfahren	Hydratverfahren								Ätzkalkverfahren			
	In Gruben oder Kästen gelöschter Kalk		In der Löschtrommel gelöschter Kalk		Im Härtekessel gelöschter Kalk		In Gruben oder Kästen vorgelöschter und im Härtekessel nachgelöschter Kalk		Ätzkalk zu Pulver gemahlen, Gemisch von Kalkpulver und Sand			
									im Silo gelagert		nicht gelagert	
Nr.	σ-Bt kg/qcm	Wg %	σ-Bt kg/qcm	Wg %	σ-Bt kg/qcm	Wg %	σ-Bt kg/qcm	Wg %	σ-Bt kg/qcm	Wg %	σ-Bt kg/qcm	Wg %
1	107	14,6	86	—	102	—	84	—	90	13,7	137	15,5
2	144	13,3	114	19,6	104	—	102	12,8	118	14,1	183	15,2
3	145	16,3	139	12,7	123	13,4	123	14,1	122	—	195	—
4	156	14,5	144	—	148	—	148	—	122	16,1	218	—
5	180	—	162	14,4	156	15,8	150	—	125	—	220	16,5
6	184	—	164	13,7	162	14,5	162	—	128	15,6	232	13,2
7	186	12,5	165	12,6	162[3])	14,7	173	—	128	20,2	247	—
8	213	—	167[2])	—	172[3])	16,0	173	—	133	21,8	—	—
9	219	—	169[2])	—	172[3])	16,4	179	17,5	143	—	—	—
10	235[1])	16,0	171	—	181	13,0	—	—	148	—	—	—
11	—	—	174	—	187	—	—	—	151	17,4	—	—
12	—	—	176	—	191[3])	—	—	—	162	13,2	—	—
13	—	—	177	13,6	198[3])	11,8	—	—	185	15,5	—	—
14	—	—	178[2])	14,7	228	—	—	—	197[4])	11,7	—	—
15	—	—	179	18,4	—	—	—	—	204	15,5	—	—
16	—	—	181	14,4	—	—	—	—	207	12,8	—	—
17	—	—	195	—	—	—	—	—	216[4])	15,2	—	—
18	—	—	228	11,9	—	—	—	—	217[4])	14,0	—	—
19	—	—	238	10,0	—	—	—	—	218	—	—	—
20	—	—	300[2])	9,0	—	—	—	—	221	—	—	—
21	—			—	—	—	—	—	247[4])	14,4	—	—
22	—	—	—	—	—	—	—	—	287	—	—	—
Mittel	**177**	**14,5**	**215**	**13,8**	**163**	**14,5**	**144**	**14,8**	**171**	**15,4**	**205**	**15,1**

[1]) Kalkhydrat und Sand gemischt; Gemisch 24—48 Stunden gelagert.
[2]) Kalk als Ätzkalk gemahlen und in der Trommel gelöscht.
[3]) Kalk als Ätzkalk gemahlen und im Härtekessel gelöscht.
[4]) Kalk als Ätzkalk gemahlen und in der Aufbereitungsmaschine mit Sand gelöscht.

An Hand der in Tab. 2 mitgeteilten Versuchsergebnisse läßt sich in Anbetracht der großen Anzahl der geprüften Kalksandsteinsorten mit ausreichender Sicherheit beurteilen, welche ziffernmäßigen Werte sich für die Materialeigenschaften der Kalksandsteine zurzeit wohl festlegen und sich gegebenenfalls zur Aufstellung von Vorschriften für die Lieferung von Kalksandsteinen zugrunde liegen lassen. Man wird fordern dürfen[1]):

1. die Steine müssen gleichmäßiges Gefüge haben und dürfen nicht klapprig sein;
2. die Wasseraufnahme darf nicht wesentlich mehr als **15** v. H. des Gewichts der trockenen Steine betragen;
3. Kalksandsteine müssen
   a) als Hintermauerungssteine und Verblender mindestens **150** kg/qcm
   b) als Klinker mindestens **200** „
   Druckfestigkeit (Trockenfestigkeit) aufweisen.

[1]) Tonindustrie-Zeitung 1906. Nr. 49. S 715.

4. die Kalksandsteine müssen wasserbeständig sein.
Der Festigkeitsverlust durch Wasseraufnahme darf höchstens **15** v. H. der Trockenfestigkeit betragen;
5. die Kalksandsteine müssen frostbeständig sein; sie dürfen bei 25maligem Gefrieren und Wiederauftauen keine Gewichtsverluste erleiden. Der durch diese Beanspruchung herbeigeführte Festigkeitsverlust darf **20** v. H. der Trockenfestigkeit nicht übersteigen.

Als maßgebende Druckfestigkeit gilt der Durchschnittswert aus den Ergebnissen von zehn mit Proben gleicher Lieferung ausgeführten Einzelversuchen.

Abweichungen um 10% von den geforderten Mindestfestigkeiten nach unten sind zulässig.

Für das zulässige Gewicht der Steine im Anlieferungszustande lassen sich keine bestimmten Grenzwerte festlegen. Nach den Aufzeichnungen in Tab. 2 schwanken die mittleren Eigengewichte der Steine mit normalen Abmessungen[1])

bei der Anlieferung zwischen $3{,}27_0$ und $4{,}02_2$ kg und
getrocknet „ $3{,}12_4$ „ $3{,}85_8$ „

Das Gewicht der angelieferten Steine ist auch wesentlich von deren Feuchtigkeitsgehalt abhängig, der je nach den Verhältnissen, unter denen die Steine gelagert haben, sehr verschieden sein kann.

Das Durchschnittsgewicht der getrockneten Steine berechnet sich auf 3,480 kg. Man würde daher als Normalgewicht der trockenen Steine mindestens 3,500 kg zulassen müssen. Das Gewicht von lufttrockenen Vollsteinen wird man mit 3,600 bis 3,650 kg annehmen dürfen.

---

[1]) Hierin sind sämtliche Steine, d. h. die wirklichen Vollsteine und diejenigen mit einer Mörtelvertiefung, einbegriffen.